疯狂科学

第二版

MAD SCIENCE

[美]西奥多·格雷 (Theodore Gray) 著

张子张 译

人民邮电出版社

北京

图书在版编目（ＣＩＰ）数据

疯狂科学 / （美）西奥多·格雷 （Theodore Gray）
著；张子张译. -- 2版. -- 北京 : 人民邮电出版社,
2019.7（2024.4重印）
ISBN 978-7-115-51100-3

Ⅰ. ①疯… Ⅱ. ①西… ②张… Ⅲ. ①科学实验－普
及读物 Ⅳ. ①N33-49

中国版本图书馆CIP数据核字(2019)第070062号

- ◆ 著　　　　[美]西奥多·格雷（Theodore Gray）
　　译　　　　张子张
　　责任编辑　刘　朋
　　责任印制　陈　犇
- ◆ 人民邮电出版社出版发行　　北京市丰台区成寿寺路 11 号
　　邮编　100164　电子邮件　315@ptpress.com.cn
　　网址　http://www.ptpress.com.cn
　　北京九天鸿程印刷有限责任公司印刷
- ◆ 开本：889×1194　1/24
　　印张：10.17　　　　　　　2019 年 7 月第 2 版
　　字数：421 千字　　　　　 2024 年 4 月北京第 8 次印刷
　　著作权合同登记号　图字：01-2010-5080 号

定价：68.00 元

读者服务热线：(010)81055410　印装质量热线：(010)81055316
反盗版热线：(010)81055315
广告经营许可证：京东市监广登字 20170147 号

内容提要

　　畅销科普图书作者西奥多·格雷是一名疯狂的业余化学家，在10多年的时间里一直为美国《大众科学》（*Popular Science*）杂志构想、尝试、拍摄和撰写各种新奇的科学实验，深受读者喜爱。在2009年和2013年，格雷以这些专栏文章为基础相继出版了《疯狂科学》和《疯狂科学2》，中文版分别于2011年和2013年出版。

　　在本书中，作者通过一些常人难以想象甚至很危险的实验，为我们展示了看似简单但奥妙无穷的科学原理，并以其特有的博学和幽默讲述了很多关于科学的奇闻秩事。书中的绝大多数实验都是由作者亲自动手完成的，如怎样从玻璃杯中变出尼龙丝，如何用火柴点燃钢铁，如何制作永不融化的雪花，如何用生石灰做灯泡……书中的每个实验都配有精美的全彩照片，可以让读者近距离观赏激动人心的化学反应。

　　在这次出版的新版图书中，作者对部分实验进行了完善并补充了一些新的实验内容，相信热爱化学或者科学的读者会喜欢上这本图书。

写给中国读者的话

　　当我带孩子去中国的时候，我总是为能够看到并去做那么多在美国已不再可能做的事情而感到高兴。从可以逗弄猴子（即使它们可能偶尔咬你一下）的动物园到可以骑车高速冲下山坡的公园（虽然可能一次又一次地从车上摔下来），中国是一个依然可以进行真正冒险的国度。在某种程度上，我也为没有常住在那里而松一口气，因为伴随着体验冒险的自由而来的是真真切切存在的危险。

　　在本书中，我试图捕捉一些在化学世界中发现的趣味与冒险。对不具备操作危险化学品经验的人而言，这些实验中的许多是不能做的，并且实际上也是不应该去做的。但如果你在深思熟虑后决定尝试其中的一些，你可能会发现在中国获得所需要的材料要比在美国更容易一些。这使我觉得更加有必要重复以下警告：这些实验中的若干个，的的确确对任何人（而非只是对那些神经过敏的美国人）的标准而言都是极其危险的。

　　我喜欢来中国的另一个原因是我喜欢看到中国人那种令人吃惊的精神以及努力工作的样子，这些正使中国成为人类未来最大的希望。对于科学使世界变得更加美好的信仰，在这里比在任何其他地方都更加深入人心，虽然我确信我的这本书只是沧海一粟，但每当想到我能为推动这种发现和前进的精神而贡献自己的绵薄之力时，我就感到极大的快乐。

西奥多·格雷

目 录

6 我为什么写这本书

7 真实的警告和律师强制避责的
警告

8 你应该亲自尝试一下这些实验吗

13 致谢

第 1 章 厨艺实验

17 强悍的制盐法

20 液氮冰激凌

23 逗乐的金属勺

26 会沉底的冰块

28 用饼干发射火箭

33 干冰冰激凌

36 脆炸虾片

38 有嚼头的无麸质面包

第 2 章 回到当年的 DIY

42 对付狼人的杀手铜

48 自制电灯泡

53 用烧烤架制玻璃

59 拉出尼龙丝

63 制作完美的金属球

67 用罐头盒制作探照灯

69 制作完美的火柴

73 铅笔芯是怎样插进去的

第 3 章 原始动力

79 电火花的巨大威力

82 自己制造氢气

85 与毒共舞

90 漂亮的重力电池

94 自己提纯酒精

第 4 章 玩火

98 熊熊燃烧的液氧滴

104 让金属燃烧起来

108 熔化不熔物

110 无焰之火

113 能爆炸的气泡

116 致命的"小太阳"

第 5 章 重金属

124 火花中的真相

128 就让它继续烧吧

133 自制碳化钨刀具

136 五彩缤纷的钛

138 神奇的铝热剂

145 硬币缩身术

149 有趣的 1 美分硬币

154 铸造金属铸件

156 神奇的铝锈

159 切割出一件金属艺术品

162 在花盆里提炼金属钛

第 6 章 自然奇观

170 将闪电冻结起来

175 查看身边的放射性

180 让所有物体悬在空中

183 暴露金属内部的秘密

189 永不融化的雪花

191 化泥土为神奇

195 窥视量子世界的奥妙

198 用砂子揭示磁力线

200 原子的狂欢

第 7 章 超出想象的古怪

207 生石灰也能做灯泡

209 为 iPod 镀上自己的徽标

213 现实中的"冰冻九号"

216 最坚强但也最脆弱

224 靓丽的工业废料

228 最原始的闪光灯

232 最令人厌恶的材料

234 让所有的东西金光闪闪

238 从自热咖啡到自热浴桶

我为什么写这本书

　　戈登·摩尔，英特尔公司的奠基人、计算机革命之父，年轻时以在沙山路引燃了自制的硝化甘油炸药而闻名。后来这里成了一个牧场，现在则在他的引领下成为硅谷的核心地带。当第二次世界大战时期伟大的科普作家奥立弗·萨克斯博士在伦敦的家里长大时，他的化学实验对他家的威胁比德国军队扔下的炸弹还大。

　　回顾一下某些科学家、领导人或者足球英雄等做过有趣事情的人士的过去，你就会发现，比之于好成绩和花在看电视上的时间，他们在好奇心、冒险精神、努力程度和判断力等方面表现得更出色。

　　说好也行，说坏也罢，火、烟、气味和爆炸声这些正是最初启发很多人成为科学家的原因。这很有趣，而且没有其他可替代的途径。同样值得注意的是，其中的许多东西在学校里是被绝对禁止的。许多化学教师喜欢给学生展示他们在学校里做过的东西，但是他们太看重自己的工作了。

　　这本书，以及作为本书基础的《大众科学》(Popular Science)杂志专栏，就是对此事的一个回应。书中写的许多内容都基于我在成长过程中做过的事情，我从中死里逃生。没有这些经验，我大概就是一个股票经纪人，或者更糟。

　　科学不只是在实验室或大学里实践的事情，它完完全全地是观察世界、真理以及美的方式。它是无论你是否被聘为职业科学家都可以做的事情。虽然我从一所不错的大学里获得了化学学位，但我从来就不是一个职业化学家。我是在郊外农庄的车间里做这些演示，这里距最近的邻舍也有一里多地。(当你在做那些会发出巨响的化学实验时，这样会比较方便。)在大多数情况下，我使用的是简单的厨房用具和车间工具，以及从五金店和批发市场购买的化学药品。我确实避免在真的实验室中工作，因为我更像一个作坊里的修理工，尝试用更简单(有人会说更粗糙和更简陋)的方式让实验能够进行。许多自学成才的业余科学家在作坊和地下室里修修补补，做出了很伟大的事情。他们用一种实干精神，用手头现有的材料做实验，并试着看看能做到什么程度，结果对科学做出了实实在在的贡献。

　　但是更为重要的是，任何人(无论他们的职业是什么)都应当理解科学如何起作用，它能够做什么以及不能够做什么。我们不能靠胡思乱想或观看说客们付费做的广告片的方式去解决能源危机、气候变化或水源短缺等问题。我们应通过理解原理和支持可行的政策去解决这些问题。这是一种且是唯一一种做出正确选择的方式，那就是用科学方法去定义、研究、理解和解决问题。任何告诉你其他方式的人都是在向你兜售私货。

　　在这本书中，我试图捕捉随科学而来的趣味和冒险的感觉，以及科学的真实和美感。我希望你即使从未做过这些实验也能够获得一些兴奋的感觉，探视到科学思想究竟是怎么回事。

　　做这些事情让我很快乐，我希望你能在阅读中获得同样的快乐。

真实的警告和律师强制避责的警告

当我用小苏打做实验时，要戴手套和安全眼镜的警告让我退缩。这叫作空喊"狼来了"，那是很不负责的，因为这使得人们更加无法判断什么是真正的危险。

所以，我不打算那么做。如果你愿意听，我就会告诉你真正的危险在哪里。

对于书中的有些实验，我会让我10岁的孩子自己去做（如果不是怕他会弄得史无前例地一团糟的话）。把冷的醋酸钠溶液倒入碗里时，你不会受到任何伤害，至少不会因为醋酸钠而受伤害，它实际上比食盐还安全。所以，除非你神经到把家里的盐锁起来或者戴副安全眼镜吃早餐，否则你不必对醋酸钠有所担忧。

然而，有些化学药品不是你的朋友。氯气会致命，而且致人死亡的过程很痛苦。将磷和氯酸盐混合起来的做法是错误的，因为混合的时候就会爆炸。（我的一个朋友在犯了那个特殊错误20年之后，至今仍保存着从他手中取出的玻璃碎片。）

每种化学药品、每个步骤、每个实验都有其特有的一系列危险，多年来人们通过惨痛的教训懂得了处理它们的正确方法。在很多情况下，最安全的方法是得到一个有经验的人的帮助。这不是仅靠书本学习就能做到的事情，这关乎你的生命。从你的角度考虑，你需要有人在你身边，他们知道你正在做什么事情。从第一个死里逃生的人开始有一个不间断的传承链，你将成为这个链条上的一环。

我在做一个看起来疯狂的实验的时候，要么有一个曾经做过这个实验的人在旁边，要么我曾经做过这个实验，只是这次会更加小心谨慎。我建立了安全等级，确认当所有措施都失效时我还有个明确的逃生之路（当然我全程都戴着安全眼镜）。

所以，我从来没有由于化学药品而受到严重的伤害并不是因为我的运气好。为你的安全着想，请不要靠运气！

你应该亲自尝试一下这些实验吗

"不要在家里做这些事，孩子！"这句话是警告还是邀请，取决于你的个性。我憎恨这句话，因为它让人相信自己不够聪明，不够有能力，或者不够执着地去做"专家"们做的事情。这无疑是在告诉你，你是无助的。

同时，我也很害怕有人偶然看到这本书后，因为我写的内容或没有写的警告而失去性命、被烧伤或失明。若去尝试有些实验，你确实是个傻子，实实在在的傻子。

为什么对你来说做这些事就是傻子，而对我而言就不是呢？因为你我具有不同的天赋、经验、朋友和设备，我只做我知道能安全地完成的事情。那些我认为自己无法安全地完成的事情不出现在这本书里，因为我没做过。

举个例子吧，我在一个视频中看到有些人会只穿件很轻便的飞行服就从悬崖上往下跳。他们飞冲下山，在离地咫尺之遥的地方，可能是在最后几秒才打开他们的降落伞。他们傻吗？实际上不是，虽然他们的方式近乎疯狂，但从事这项运动的人（很多失败了）实际上都很小心谨慎。他们开始时总是尝试尽可能地远离悬崖底部，直到厌倦为止。

本书中的有些实验属于这一类型：你可以慢慢地接近它们，同时从别人的错误中不断学习，最后可以安全地把握。它们不是初学者的实验，就如同穿轻便飞行服跳悬崖不是跳伞运动初学者的项目一样。

下面是我给出的一个很重要的启示：

这本书没有告诉你足够的信息，使得你可以安全地做全部实验！

对于有些实验，你应该能够根据本书里的说明并结合常识，再加上一些努力来安全地完成。但是在许多情况下，实验步骤不够详细，你不能够照着做。它们出现在这里主要是展示一个如何做实验的总则，你还需要大量的经验去填补中间的空白。

在确实想尝试任何实验前，在评估是否确实掌握了那些知识和所需的经验时，请对你自己保持诚实。你的安全取决于自己的态度，正如我的安全取决于我的知识一样。虽然跳崖看起来是件很有趣的事，但我绝不会马上就穿件轻便飞行服去跳。

如果你没有读过任何警告，就请读一下这句话：戴上安全眼镜！

　　几乎本书中的每一个实验都有可能致盲。你只有一双眼睛，它们相距得很近，一旦被溅入酸液，你就只好去买拐棍了。

　　我很幸运，因为我是个近视眼，在任何时候都戴着眼镜。如果你不近视，就需要去配一副好的、戴着舒服的安全眼镜。我所说的不是便宜的、极差的那种，而是比较好的、不易有划痕、不易起雾的那种，在好一点的批发市场或五金店大约花 10 美元就可以买到。最好多买几副，以便你随时都能够找到一副，戴上它！看在我的面子上，请戴上眼镜，因为我真的不想接到某个孩子的母亲的信，说她的孩子再也看不见她了。

更多材料可在 graysci.com 网站上找到……

本书中许多实验的视频、附加的照片和材料来源的链接，以及关于实验过程更加详细的说明，都可在 graysci.com 网站上找到。

材料来源可能随时变化，所以与其给你在本书付印期间可能已经不存在了的网址，还不如我们采取另一种方式，把网址全都收集在 graysci.com 中，并且随时更新。

在这个网站上，你还可以对任何实验做出评论，分享你的成功和有趣的失败，或留下你的心得、总结出的更好的方法或材料来源。在本书中，我没有做任何使其他人没法找到做得更好的方法的事情，我喜欢听到和分享你的主意。

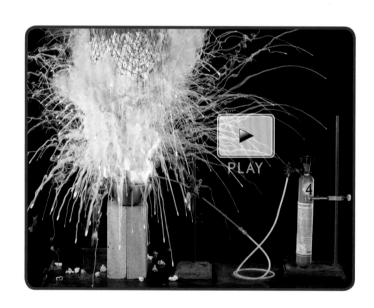

致　　谢

　　尽管我很想作为一个天才，独自完成这些疯狂的实验，并享有因此获得的赞誉，但这本书是众多人士共同努力的结果。首先，我得感谢美国《大众科学》杂志的专栏编辑马克·詹诺、麦克·哈尼、道格·康托尔、特里沃·蒂米、戴夫·莫舍尔和本书的设计者马休·科克莱的巨大贡献。在专栏的最初写作、编辑和本书内容的整合过程中，如果没有他们的辛勤努力，我就只不过是一个在自己的博客里写文章、心绪不佳的疯狂科学家而已。

　　整件事尽心尽力地启动全仗马克·詹诺，他首先给我发电子邮件，问我是否愿意每月为《大众科学》杂志写专栏文章。看看我所创建的关于元素周期表的网站，你觉得我会说"不"吗？马克确定了专栏的基调，并且耐心地训练我怎样把原本需要4000字的内容用400字写成。

　　几年来和我一起工作的杰出的摄影师应该分享本书的大部分荣誉，这本书比任何其他作品更像美丽的摄影作品。麦克·沃克的作品比其他人的多，他开始习惯于每个月为那些冒烟的、可能爆炸的事物摄影。杰夫·肖尔蒂诺、罗里·恩肖、查克·肖特维尔都是很好的工作伙伴，希望这些工作在他们的记忆中不是噩梦。尽管我没有机会和《大众科学》杂志的摄影师约翰·卡奈特一起工作，但他的建议和支持是很有帮助的。我的助手尼克·曼（原先受聘时作为我的助手，后来被提升了）录制了大部分实验的视频。

　　不少科学家为我提供了有价值的甚至可能救命的建议。这些人包括特里格维·埃米森以及他的同事蒂姆·布鲁姆列夫和舍温·古奇，特里格维给我出了为我的首篇专栏文章用液氮做冰激凌的主意。伊桑·柯伦斯、布莱克·费里斯、西蒙·菲尔德、伯特·希克曼、格特·迈尔斯、杰森·斯坦纳、巴萨姆·沙克哈希里、哈尔·索萨博夫斯基、尼克·尤尼斯也提供了有价值的建议。专栏的主意都出自以上人员以及查尔斯·卡尔森、尼尔斯·卡尔森和奥利弗·萨克斯。

　　我在《视觉之旅：神奇的化学元素》（已由人民邮电出版社翻译出版）的写作中得到了马克斯·惠特比的帮助，他堪称化学和摄影创意的资源库。我同时得把我的赞美送给斯蒂芬·沃尔夫拉姆，在我应该全职工作帮助沃尔夫勒姆研究公司（Wolfram Research Inc.）开发 Mathematica® 的时候，他没有经常大发雷霆。

　　我要感谢马库斯·魏恩，因为他找到了贝弗莉·马丁。马丁为我找到了经纪人詹姆斯·菲茨杰拉德。我感谢我的经纪人詹姆斯为我找到了出版公司 Black Dog & Leventhal。感谢编辑贝姬·科赫，即使她意识到一大帮人都认为他们能做她所做的工作，但她仍然相信这本书会取得成功。

　　最后，我感谢我的妻子简·比尔曼以及我们的孩子艾迪·格雷、康纳·格雷和艾玛·格雷和我一起出谋策划，并且在一些实验中帮助了我（我要保证我的权威，仅仅当他们是完全安全的时候）。

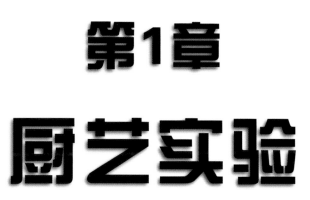

第1章

厨艺实验

从碗里冒出来的烟雾实际上是颗粒很小的盐。

强悍的制盐法 ☠

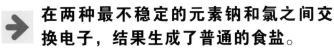

在两种最不稳定的元素钠和氯之间交换电子，结果生成了普通的食盐。

钠是一种很软的银白色金属，它和水接触时会剧烈爆炸，与皮肤上的微量水分发生反应时会烧伤皮肤。氯气是令人窒息的黄绿色气体，在第一次世界大战中被不太成功地用于作战（据知，在交战双方的战壕中杀死了大约相等数量的士兵）。当这两种化学药品相遇时，它们会发生剧烈反应形成喷火的白色烟雾。这种烟雾就是氯化钠（$NaCl$，即食盐），我用它来给挂在上面的一兜儿爆米花调味。

"通过将钠原子上的一个多余的电子转移到氯原子几乎完美的外层电子中，这两种元素形成了氯化钠这种稳定的组态。"

盛爆米花的网兜破了，爆米花掉进碗里，使燃烧着的液体钠四处飞溅。

在元素周期表中，那些不稳定的元素总是要么在最左边，要么在最右边。钠是元素周期表第一栏（最左边）中的一种易失去电子的元素，氯则在周期表的另一端（第17栏），是一种挥发性气体元素，外层得到一个电子后即达到饱和状态。通过将钠原子上的一个多余的电子转移到氯原子几乎完美的外层电子中，这两种元素形成了氯化钠这种稳定的组态。氯化钠不会烧伤你的皮肤，也不会让你窒息。通过互相结合，两种元素互相挠了痒，不再急躁了。

氯化钠可以为爆米花调味，但是这不是一种可以考虑的实用方法。氯化钠很新鲜，但往盛液态钠的碗里吹氯气的危险是实实在在的。在第一张照片照好之后几秒钟，网兜就破了，掉进碗里的爆米花使得燃烧着的液态钠四处飞溅。没有人受伤，因为我已经做了最坏情况下的安全准备。这几乎是最坏的情况了。只有一种更加糟糕的情况，那就是氯气泄漏，无法控制。在这种情况下，我会像逃离地狱一样逃之夭夭。

真实的危险警告

这是本书中最危险的实验。如果和钠接触，它会烧伤皮肤和眼睛。钠以任何方式遇到水时都会爆炸，向四周喷射液态金属。氯气致命的过程会很痛苦，而且它散播得很快。在任何时候，在没有训练有素的化学家在场的情况下，都不允许私自处置这些化学药品。混合这些化学药品无疑是疯狂的举动。

元素

11
Na
钠

熔点：97.72℃。

发现：1807年，由英国化学家汉弗莱·戴维发现。

用途：照明、调味。

17
Cl
氯

熔点：−100.5℃。

发现：1774年，由瑞典化学家卡尔·舍勒发现。

用途：净化水、制造塑料。

液氮冰激凌

→ **在30秒内做出冰激凌——只需加一杯液氮。**

液氮很冷，非常冷。它是如此之冷，如果有一滴掉落到你的手上，你就会感觉像火烧一样；它是如此之冷，可以把鲜花变成上千块玻璃似的碎片；它是如此之冷，只需一点就能在仅仅30秒内做出两升多冰激凌。我最初是从我的朋友特里格维那里听说液氮冰激凌的，他是一位在美国中西部工作的冰岛化学家（这种事常见）。他建议在我策划的晚餐会上用它做点心。是的，他说，他有一份食谱，是他从《化学化工新闻》周刊上看到的。你大概立刻会担心，怎么能从《化学化工新闻》上找食谱？因为那是一份主要针对于修建炼油厂、香波工厂和大规模分馏液化空气的工厂（液氮来源）的工作人员的商业性出版物。但是对于我策划的晚餐会，它是完美的：著名作家奥利弗·萨克斯将要参观我的化学元素收藏品，我需要安排一些餐后娱乐。

我的第一个担忧是，我们会不会成功地造出冰激凌来？还有，如果我们没有败在厨艺面前，它会好吃吗？我的眼前似乎闪现着这样一个镜头：那些坚硬的、粗犷的东西可能会导致什么人的喉头被冻伤。但事实上，什么可怕的事情都没发生。

我们按标准冰激凌配方将下列食材混合起来：1升奶油、1升鲜奶以及若干糖、蛋和香精。（任何配方和香精都行，但不要用酒精和块状水果，因为它们会让你觉得温度没有那么低，这很危险。）然后，在通风的地方操作，以免氮气置换了空气中的氧气而使人窒息。充分考虑到液氮会把身体冻僵的能力，我们很轻柔地把两升液氮直接掺入奶油中，这个量远多于能够掺进蛋清中的量。

结果，文学点儿地说，30秒之后，得到了我所尝过的最好的冰激凌。这其中的秘密在于速冻。当奶油在−196℃被液氮冷冻时，影响口感的、给你冰碴感的冰晶将无法形成。相反，你能得到超级滑爽、奶油味十足、纹理细腻的冰奶油微晶。烹饪大师，馋死你！

> "我的眼前似乎闪现着这样一个镜头：那些坚硬的、粗犷的东西可能导致什么人的喉头被冻伤。但事实上，什么可怕的事情都没发生。"

冰凉爽滑的奶油草莓冰激
凌，用一罐 −196℃的液
氮制得，这足以令烹饪大
师嫉妒得发疯。

孩子们为那种雾气腾腾的场面而感到兴奋，尽管对于他们来说，他们不知道这个过程有什么不同寻常之处。他们大概认为冰激凌就是这样的。天哪，让他们坐在作坊里首次看用老式方法制作冰激凌，他们会惊奇吗？半小时时间，你要我能做什么？

元素

7

N

氮

它是什么：无色无味的气体，在地球大气中的含量高达 78%。

熔点：−209.86℃。

沸点：−195.79℃。

发现：1772 年，由英国物理学家、化学家丹尼尔·卢瑟福发现。

名称由来：拉丁文 *nitrogenium*，意思是"硝酸盐形成"。

分布：所有生物体。

产生：恒星中的聚变反应。

用途：食品保鲜以及灯泡、电子产品和不锈炼钢制造。

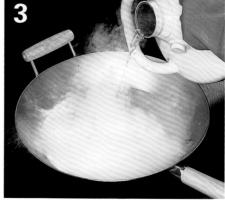

如何 💡

用液氮做冰激凌

你需要：

☐ 冰激凌配料（1 升奶油、1 升鲜奶、1 杯糖、1 勺香草素）

☐ 2 升液氮、长柄木勺和金属碗

☐ 防冻厚手套

☐ 安全眼镜

1 鸡蛋和草莓是可选项，而液氮不是。

2 在碗里将所有东西搅拌均匀。

3 一次加入1杯液氮，注意一定要戴上防冻手套，露指手套不行。

4 连续搅动，直到形成一层硬壳。

5 当均匀无结块时，冰激凌就做好，可以吃了。

 真实的危险警告　液氮应该由受过训练的专业人士处置，因为它可以在几秒钟内造成失明和冻伤。

一杯开水在 15 秒内把
勺子熔化了——注意杯
底的液态金属。

逗乐的金属勺

 将适当的金属混合，你能制造出一种在温水中就可以熔化的合金。

提到液态金属，人们立刻就会想到汞，认为它是在室温下唯一的非固态金属。且慢！正确的说法应该是唯一的液态纯金属，有许多合金（金属混合物）在比较低的温度下会熔化。

例如，在 20 世纪五六十年代，体温计中填充的是汞，孩子们被告诫不能玩体温计。后来，汞实际上已经被性能几乎相同但毒性小得多的，由镓、铟和锡构成的专利液态合金 Galinstan 替代了。那个时代的孩子们也许还记得他们当时玩的一个游戏：用低熔点合金制作的骗人的勺子。当你要用勺子搅咖啡时，它却熔化了。毫不奇怪，这里用了高毒性的混合物，大体上它含有镉、铅、汞之一或者全部三种。

元素

49

In 铟

熔点：156.61℃。

沸点：2080℃。

发现：1863 年，由德国科学家 F. 赖希 和 H.T. 里 希发现。

名称由来：希腊文 *indikon*，意思是"靛蓝"。

用途：制造半导体、焊剂、光电导体等。

但是，因为合金可以熔化，所以就有可能用更加安全的成分做一种能在热的饮料中熔化的合金。

几个月前，我制造了一批这样的用于搞笑的勺子，将其作为礼物送给我的朋友、元素爱好者奥立弗·萨克斯。我先选了一把花哨的勺子，然后将首饰模具胶浇铸到勺子周围，铸成模具。接着我查询了会在大约 60℃（一杯热咖啡的温度）下熔化的合金，发现了这样一个配方：铟 51%、铋 32.5% 和锡 16.5%。

当勺子在杯子的底部变成一小摊液态金属后，倒掉咖啡，然后用指头去接触液态金属，你会有一种古怪的感觉——它在你的指尖附近硬化。萨克斯用坏他的勺子后，他可

以这样回收金属，再用一杯热水把它熔化后注入模具，重新制造一把新的。哈哈，搞笑勺子的生命循环。

那么，为什么你不能在玩具店里买到这些无毒搞笑的器物，就像你过去用有毒的器物玩耍一样呢？原因是价格。铟的价格大约是银的 3 倍。（我是从一个中国批发商那里得到铟的。）使用镓，你能制造在温热的水中甚至在你的手中熔化的合金。但是它比铟昂贵，而且它会弄脏玻璃，使皮肤变色。不幸的是，没有任何合金可以与汞的成本低、明亮闪光、不粘手等优点相比。更糟的是，现在我们知道，如果长期玩汞，你的脑袋就会受到损伤。

如何 💡

制造一把可以熔化的勺子

你需要：

☐ 铋、铟和锡
☐ 不锈钢平底锅
☐ 橡胶或塑料勺子模具

1 用首饰模具胶浇铸或塑造一个你想要复制的物体的模具。

2 按正确比率称出金属：51% 的铟、32.5% 的铋和 16.5% 的锡。

3 在一个不锈钢量杯内混合各种成分，然后用火炉加热。你需要连续搅拌，并加热到远超过合金熔点的温度，以使锡、铋与铟充分融合。

4 让合金冷却，然后将它放到接近沸腾的水上再次加热。可以使用双层蒸锅，或者将量杯在热水中放置一两分钟。

5 将熔融的金属倒入模具。你也许觉得把铸造用的模具拿在手里很好玩，但要知道金属非常热，如果溢到你的手上，则会烫伤你。它像开水一样危险。

6 等待，直到金属在模具里变硬。因为这种金属的熔点很低，其固化过程需要的时间也许要比你想象的长。

7 小心地从模具中取出勺子。

8 欣赏一下，在开水中搅拌，勺子会在几秒内熔化！

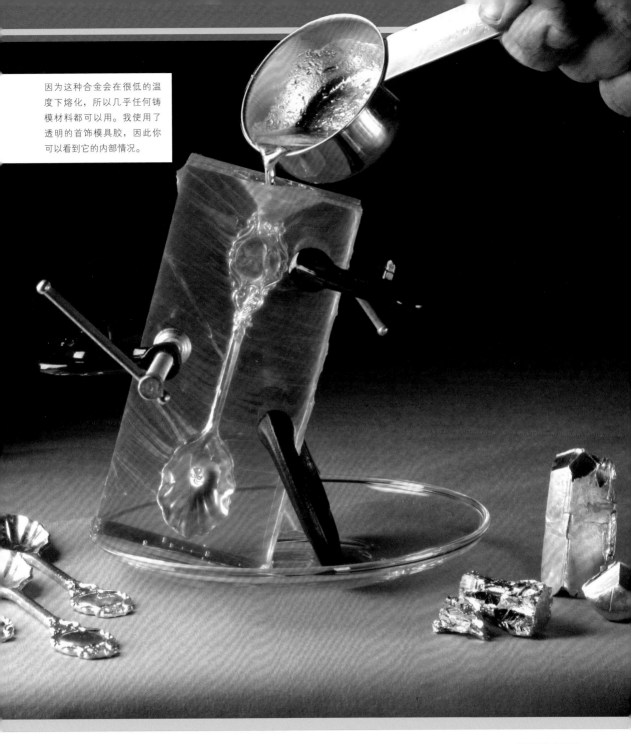

因为这种合金会在很低的温
度下熔化，所以几乎任何铸
模材料都可以用。我使用了
透明的首饰模具胶，因此你
可以看到它的内部情况。

会沉底的冰块

→ **掺进一些额外的中子，
制备魔幻冰块。**

想要在鸡尾酒会上做一次赌圣吗？首先告诉客人，水生生物之所以能够存活，在很大程度上是因为冰可以浮在水面上——至少在温带是如此。如果冰沉到了水底，那么整个湖泊都将被冻成一块固体，湖面上就不会形成一个保温的绝热层，所有的鱼就都死掉了。好，现在你可以打赌，告诉他们你可以用魔法让冰块沉下去。随后，你可以从预先摆放在旁边的玻璃杯中抓出一块特殊的冰，将它扔进一杯普通的水中。现在去收客人的钱吧。

这个魔法的关键是"重冰"。有很多术语是不能只从字面上理解的，例如，红夸克并不是红色的，纳米也不是一种米，而是长度单位。但"重水"确如其名，它确实是比普通水重的水。这是有可能的。因为元素常常以几种不同的形式（或者说是同位素）存在，它们包含相同数目的质子和电子（这决定了元素的化学性质），但中子数不同（中子除了增加重量之外对元素的化学性质没有任何影响）。

氢原子总是含有一个质子和一个电子，但每 6400 个氢原子中会有一个原子还含有一个中子，这使该原子的质量增加了一倍。通过一个有 H_2S 参与的复杂处理过程，我们可以

> "同种元素的同位素的质子数和电子数相同，但中子数不同，其化学性质相同，但物理性质不同。"

将重氢——氘（D）分离出来，这样就可以制造出比普通水重约 10% 的重水（D_2O）。

从化学性质上讲，重水就是真正的水。在纯净的重水中，藻类能够生存并迅速繁殖。特殊饲养的小鼠体内可以含有 25% 的重氢，但若超过这个比例，一些微妙的生化反应就会使得这只"重鼠"生病。（研究人员之所以使用小鼠而不是其他动物进行实验，是因为小鼠体形小，若饲养一头"重牛"，则成本太高了。）

重水主要用在核反应堆中，但它本身并没有放射性。它是很安全的（但并不建议你把它喝下去，注意将含重水的杯子与客人的杯子分开），很容易从市场上买到。重水的价格不算太高（注：普通纯度的重水每毫升售价约 10 元），所以你可以自制这种可以沉底的冰，并且在每次打赌时获胜——除非你在跟核物理学家开玩笑。

如何 💡
制作会沉底的冰块

你需要：

☐ 100 克重水
☐ 制冰格

1 在制冰格上清楚地贴上这样的警示语：不要吞食这些冰块。

2 把重水倒入制冰格，然后将其放入电冰箱的冷冻室。

3 把冰块投入盛有普通水的杯子中，看着它们沉底。

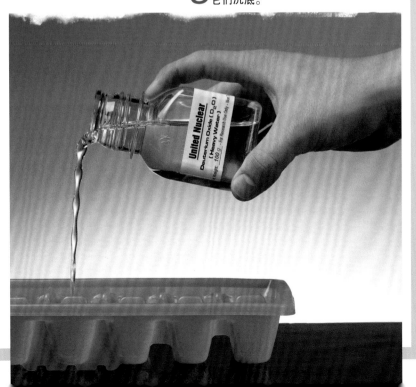

熔点：−259.14℃。

沸点：−252.87℃。

发现时间：1766 年，由英国科学家 H. 卡文迪什发现。

分布：宇宙中含量最丰富的元素，比例高达 90%。

名称由来：希腊文 hydro genes，意思是"水之素"。

用途：化石燃料精炼、制氨。

用饼干发射火箭

→ 用日常食品中储存的能量发射火箭模型。

我们的食物中蕴含着惊人的能量。如果你不相信，可以给小孩喂一些糖果，然后看着他们在屋里跑来跑去。当然，这样做的结果只是将食物中的能量转化成了噪声和混乱。

　　一根特大号的巧克力士力架含有 2270 千焦的能量，而 4.2 焦耳的能量可以将 1 克水的温度升高 1℃，所以那个巧克力棒在理论上可以将 1 克水的温度升高约 540000℃，或者更实际点，可以将 5.4 千克的 0℃的冰水烧开。

　　当糖、淀粉和脂肪与从肺中吸入的氧气通

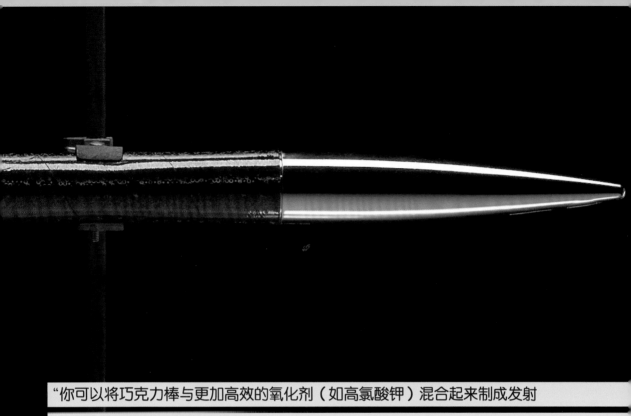

"你可以将巧克力棒与更加高效的氧化剂（如高氯酸钾）混合起来制成发射火箭所用的燃料。"

过复杂的生化过程发生反应之后，食物中的能量便会被释放出来。谢天谢地，这是一个缓慢的燃烧过程，不会有火参与其中。

但是，你也可以将巧克力棒与更加高效的氧化剂（如高氯酸钾）混合起来，使其在很短的时间内释放出大量的能量。这基本上就是火箭的燃料。如果将它在露天防火实验台上点燃，它就会剧烈燃烧，喷射的火舌可以在几秒内将整根巧克力棒烧掉。

当然，我们实际上不能用巧克力棒发射火箭，因为它里面的果仁会把喷口堵住。然而，如果用奥利奥饼干进行填充，标准的火箭模型发动机就可以工作得很漂亮。（警告：

这种火箭模型的安全守则不准许用高活性的高氯酸盐与饼干的混合物填充火箭模型发动机。）

虽然推力不是很大，但我的高氯酸盐－奥利奥火箭还是飞离了地面。对一块半生不熟的甜点来说，这已经很不错了。或许我可以使用含糖量更高的食物代替奥利奥饼干，例如用顽皮吸管糖（Pixy Stix）或妙妙熊软糖，以得到更大的推力。那些头脑发热的人要真想推出"糖果火箭"的话，他们可以使用更纯净的糖源以获得最佳的推力－燃烧时间比，只是不能再将它们喂给可爱的孩子们了。

一个用高氯酸盐和奥利奥饼干推进的火箭模型飞驰而去。

混合火箭燃料无疑是一项危险的工作，因为那些成分会发生剧烈燃烧，有时简单的混合动作就会将其引燃。

为了这次实验，我将几种常见的糖果与高氯酸钾混合起来。我用手工方式碾碎糖果，将其小心翼翼地放在高氯酸钾之中。这个过程相对安全，糖果是潮湿的，这使它比较容易发生反应，而且我在混合它们的时候动作非常轻柔。这样做的结果是没有制成威力强大的火箭燃料。

要想得到真正的高能燃料，你必须将它们精心地混合起来，甚至将各种成分融在一起。这就要求具有丰富的经验，而且在很多情况下还需要有政府颁发的烟花或炸药制造许可证。混合操作需要在遥控球磨机或其他可遥控的搅拌机中进行。

如果操作不当的话，为火箭模型发动机填充燃料也是一项危险工作。像我制造的那种混合不充分的低能燃料是相对安全的，但随着燃料质量的提高，它也会越来越危险。

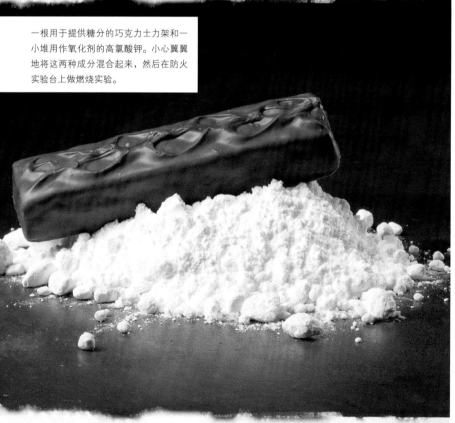

一根用于提供糖分的巧克力士力架和一小堆用作氧化剂的高氯酸钾。小心翼翼地将这两种成分混合起来，然后在防火实验台上做燃烧实验。

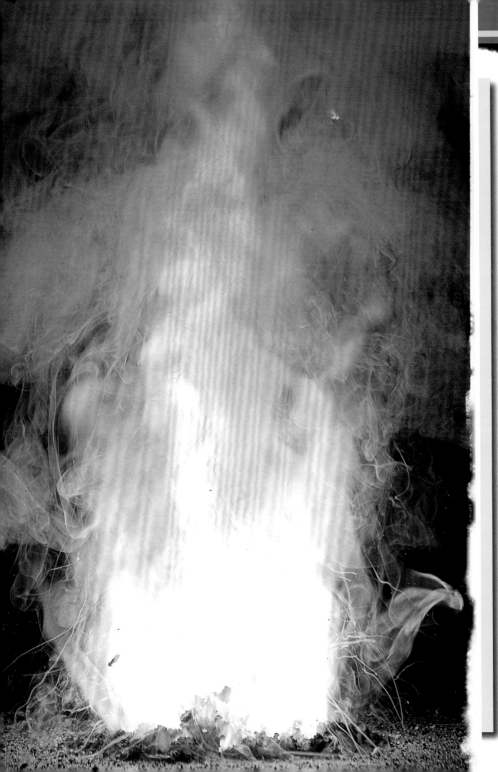

KCIO$_4$
高氯酸钾

它是什么：由高氯酸衍生而来，存在于自然界，可人工合成。

用途：制作火箭燃料、炸药、烟花、安全气囊，可用作解热、利尿药物。

干冰冰激凌

→ **往配方里加点二氧化碳，瞬间搅成冰激凌。**

液体在蒸发的时候会变冷。例如，当一个人的身上被弄湿的时候，他会感觉很冷。这个众人皆知的现象之所以发生，是因为液体变成气体时会带走能量，而这些能量就来源于从液体中传递的热能。这种相互作用的机理是科学中最复杂的问题之一，但重要的是它可以用于制作冰激凌。

当然，你不能仅靠奶油蒸发来得到冰激凌，就像不能指望水会在室外独自蒸发而结冰一样。但我们可以在常温下给二氧化碳加压使其液化，然后降低液态二氧化碳的压强，让一部分液态二氧化碳蒸发，吸收大量的热能，最终有大约 1/3 的二氧化碳被冷却成固体，这就是干冰。

从哪里可以搞到盛有液态二氧化碳的钢瓶呢？当然是从消防器材经销商那里购买。你可以将一个干净的布袋套在二氧化碳灭火器的出口上，然后完全打开钢瓶开关放出二氧化碳。大约只需 10 秒的时间，你就可以在布袋中收集到雪花状的干冰粉末。（但最好别这样玩，因为干冰可以在几秒之内把你冻伤。）

下面的事情就简单了：将干冰倒入一个盛有冰激凌配料（淡奶油和鲜奶各 1 升，鸡蛋 2 个，糖 1 杯，香草或其他香料 1 茶匙）的盆里，然后不断搅动，直到冻住为止。（注意，鸡蛋是可选项。坦率地讲，由于存在含有沙门氏菌的风险，它们大概是这个实验中最危险的部分。）加入干冰时要慢，以免将冰激凌冻得坚如岩石。我曾经用微波炉加热才让一批冰激凌恢复到刚好冻住的程度。

那么，它是否可以食用呢？当然可以了。因为二氧化碳灭火器常用于餐馆厨房，它们里面通常充的是食品级的二氧化碳。（不要用更常见的化学干粉灭火器做这个实验。）

有趣的是，二氧化碳可以从汽水中唑唑作响地冒出来，这种冰激凌实际上也会释放出二氧化碳，不过你不会看到二氧化碳从盛放冰激凌的盒子里吱吱嘎嘎地冒出来。

用二氧化碳灭火器制造的冰激凌是完全可以食用的，只是不要吃那些有可能夹在冰激凌中的硬块，那可能是遗留的干冰。

> "如果蒸发被加压的液态二氧化碳，则可以从中吸取非常多的热能，最终大约有 1/3 的液态二氧化碳会变成干冰。"

为了得到足够多的干冰，你
得让灭火器猛喷大约 10 秒。

如何 💡
制造干冰冰激凌

你需要：

- ☐ 冰激凌配料（1 升淡奶油、1 升鲜奶、1 杯糖和 1 茶匙香草素）
- ☐ 约 10 千克的食品级二氧化碳灭火器
- ☐ 布袋　　☐ 长把木勺和金属盆　　☐ 安全眼镜

1 用二氧化碳灭火器向干净的布袋内喷射，收集干冰。

2 把所有制作冰激凌的原料放入金属盆内，混合均匀。

3 一边搅动，一边分批次慢慢加入干冰。

脆炸虾片

→ 释放水分子，做出油炸美味。

你需要：
- □ 一袋虾片
- □ 若干食用油
- □ 金属锅具
- □ 安全眼镜

水非常善于隐藏自己。水分子能与许多物质形成微弱的化学键，从而藏身在晶体结构中。你完全看不出这些物质里有水，它们既不潮湿也不柔软，不管怎么看都不像含水的样子，除非有什么原因让里面的水跑出来。

很多岩石和矿物都含水，但从外表一点也看不出来。比如绿松石由铜铝磷酸盐组成，其中每个铜原子搭配的水分子有4个之多。充分加热会释放这些水，导致绿松石褪色。

水与一些材料（比如布料）接触时只能渗透进去，与另一些材料则能通过化学键结合，其区别在于材料分子之间间隔的精细程度。

在原子尺度上，湿布的纤维束缚着许多水滴，每个水滴都由数以万亿的水分子组成。而在绿松石里，水分子围绕着磷酸盐基团均匀分布，各自与铜原子或铝原子通过化学键结合。绿铜矿是由硅酸铜组成的绿色晶体，其中也含有以这种方式结合的水。类似的还有鱼眼石，加热把它里面的水释放出来后，鱼眼石就会变成细小的碎片。

我最近对一种零食的做法产生了好奇心，它也许可以用上面所说的现象来解释，这种美食就是虾片（印尼人称之为虾饼）。它原本是又硬又干的圆片，由米粉或木薯粉做成，看起来很像硬塑料片，触感和口感也像。我第一次看到时还以为又是一种没法吃的健康食品，但这个想法大错特错！

我把这种圆片丢进热油里，它们立刻膨胀起来，变成原来的10倍那么大。这可能是因为加热把里面隐藏的水分子赶了出来，水分子在瞬间变成水蒸气。水一直以某种形式潜藏着，等待合适的时机把干燥的淀粉变成好吃但不健康的油炸美食。

在某些地区，炸虾片或其他类型的虾饼是一项必备的烹饪技能。跟油炸其他东西一样，你除了需要一锅热油之外，还颇要一点勇气。照着包装袋上的说明去做，应该就能做好。

"水非常善于隐藏，除非有什么原因让它们跑出来。"

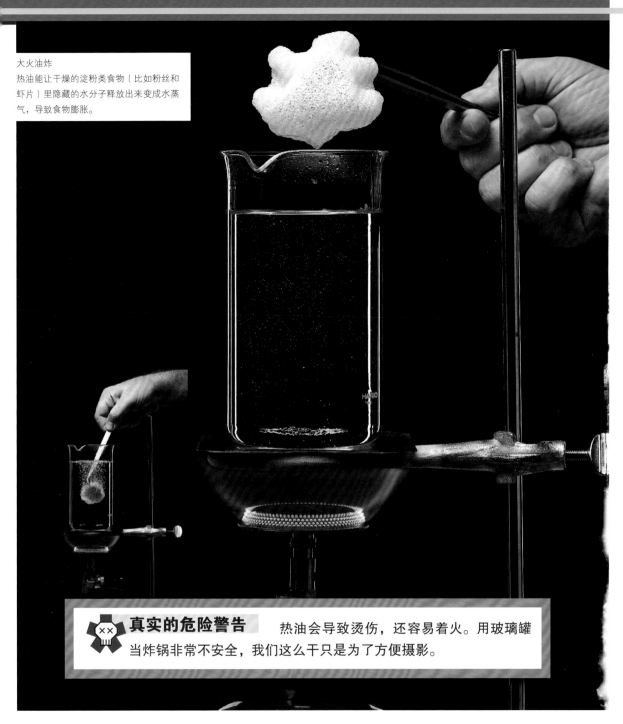

大火油炸
热油能让干燥的淀粉类食物（比如粉丝和虾片）里隐藏的水分子释放出来变成水蒸气，导致食物膨胀。

真实的危险警告 热油会导致烫伤，还容易着火。用玻璃罐当炸锅非常不安全，我们这么干只是为了方便摄影。

有嚼头的无麸质面包

➡️ **为了烤出理想的无麸质面包，食品科学家苦苦追寻"理想分子"。**

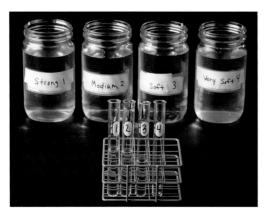  

麦面包含有一种看上去很反常的东西——麸质。这是一种胶状蛋白质，温度较低时呈液态，而在高温下会变成固体。面包在烤制过程中膨胀时（从技术上来说，面包是一种泡沫），麸质形成的弹性骨架把气泡包裹起来，锁住水分，让烤好的面包松软、有嚼劲。糟糕的是，很多患有乳糜泻的人吃一点点麸质就会不舒服。

食品科学家想为这种蛋白质找到替代品，这种替代品必须能吃，分子能形成强韧的网状结构，在高温下变成固体锁住水分，冷却后变回液体把水释放出来。换句话说，他们要找的就是某种遇热凝结、遇冷熔化的物质，与普通物质相反。

美国陶氏化学公司的研究人员从纤维素着手挑战这个课题。纤维素是植物细胞壁的主要成分，分子呈长链状。研究人员往纤维素骨架上添加各种各样的分子侧基，使它获得不同性质。通过调整侧基的数量和类型，他们设计出了一批类似于麸质的分子，与凝胶相像的程度有高有低。经过15年以上的精心调节，研究人员终于造出了一种理想分子，其性质正合适。

往无小麦面包粉里掺入不到2%的新型分子，就能做出松软可口的无麸质面包。让烘焙爱好者失望的是，现在只有食品制造商能用上这种原料。不过，如果成品面包以外的需求足够大，说不定你自己的实验室……呃，我是说你家厨房很快就能用上遇热凝结、遇冷熔化的材料啦。

"经过15年以上的精心调节，研究人员终于造出了一种理想分子，其性质正合适。"

无麸质面包的改良历程。上图中最右边的那种面包用上了纤维素和分子侧基的完美组合配方，使乳糜泻患者也能享用松软的面包。

如何 💡
烘烤无麸质面包

　　在整个疯狂科学系列里，只有这个实验我没亲自做过，因为原料太难搞到了，只有食品制造商才能弄到。图中的面包是陶氏化学公司的试验厨房做的，照片也是他们拍的，全程我都不在场。制作流程跟做普通面包一样，只是用其他物质代替了普通小麦面粉里的麸质。

第2章

回到当年的DIY

对付狼人的
杀手锏

> **亲手制作对付狼人的武器，**
> **用事实找出神话的来源。**

和编袜子一样，手工制作子弹也是一门正在消失的手艺。过去，人们需要军火时，都是用铁制甚至木制模具自制子弹，现今只剩下些骨灰级爱好者依旧坚守着传统，他们使用的是铝制模具，而制造银弹的人就更少了。

传说银弹是狼人的克星，是杀死狼人的唯一方法，还具有驱魔的效力。但真正制造过银弹的人并不多，因为那是一件挺困难的事，而且是否真能对付狼人也没有得到证实。我猜想银弹的这种名声应该来自这样一种意识：银是一种高贵的金属，它经常跟其更高贵的堂兄黄金相提并论。但现在银越来越常见了。随着时间的流逝，银也会失去光泽，这主要归因于发电厂产生的硫污染。（在工业时代以前，银大概是不会失去光泽的。）

"由于发电厂产生的硫污染，随着时间的流逝，银会失去原来的光泽。"

制造银弹的材料（从左到右）：银条和银元，它们是最便宜的纯银来源；铸造银弹后打开的石墨模具；用来制作模具的铣刀；刚铸好并抛光的银弹。

我没有找到任何描述历史上有关银弹铸造工艺技术的资料。在960℃的高温下，不管是传统的还是现代的子弹模具都会被熔化的银毁坏。虽然可以用制作首饰的方法使子弹成型，但每一颗子弹都要用一个新的石膏模具。坦率地说，我认为人们花费了很多时间去空谈银弹，而没有想着如何来制造它。

我不喜欢空谈那些传说，所以决心看看制造一颗真正的银弹（不是镀银的，而是真正的纯银子弹）到底需要些什么。

为了制作模具，我必须先做一把铣刀。我用车床将一根钢棒车成子弹形状，然后用铣床将钢棒1/4圆周的楔形部分去掉，形成了锋利的切削刃，一把形似子弹的铣刀就基本上做好了。（我曾用锉刀制造过一把和它一样的铣刀，效果很好，只是花费了很长时间。）

在用这把铣刀制作好石墨模具之后，我用电将石墨坩埚加热到了1090℃，这比银的熔点大约高130℃，以便用来浇注纯度为99.9%的液态银。子弹模具必须先用喷灯预热，以防止液态银在填满整个空腔前凝固。使用石墨的好处之一就是可以防止银的氧化，这样制造出来的子弹就很明亮且富有光泽。

银弹真的可以发射出去吗？或许吧。（虽然我不是一个有经验的军械工，但不会蠢到用真枪去检验我的子弹。）子弹需要足够柔软，以便在枪管内可以沿着螺旋沟槽运动，而纯银柔软适中。由于与铅的密度接近，因此它应该与铅弹有类似的空气动力学性能和出膛速度。我想银在制造子弹方面应该是铅的一种很好的无毒替代品，只是成本太高了：每颗重量为28克的大口径步枪子弹所用的银大约需要花费12美元。所以，最好还是将这些银弹留到最残忍的狼人横行的时候再用吧。

如何
制作银弹

你需要：

☐ 数十克银	☐ 车床	☐ 安全眼镜
☐ 首饰铸造坩埚	☐ 铣床	
☐ 石墨块	☐ 灭火器	

有好几种制作银制品模具的方法，我使用的只是其中的一种，不一定是最好的。但无论你怎样做，千万不要试图用真枪发射你的银弹，因为那些枪是专为铅弹设计的。虽然银比其他许多金属软，但还是比铅硬，所以银弹在枪管里的表现与铅弹不同。这种企图最可能的结果就是因枪支爆炸而导致死亡事故。

用车床加工用于制作石墨模具的铣刀。

1 首先选取一根直径比子弹直径稍大的钢棒，将其安放在车床上，车出你想要的子弹形状。我制造了一些形似美国南北战争时期的子弹，至少说在我不甚清晰的记忆中，这些子弹很像我数年前在图片中看到的样子。由于你不会真的使用这些子弹，因此不必太在意它们的确切形状。

2 在加工好的子弹状的部分下面，用车床车出一个直径约为6毫米、长约9毫米的圆柱体作为银液的浇注口。

3 在铣床工作台上水平夹住子弹状钢棒，并用方形端铣刀切除不大于圆周1/4的楔形部分。现在就得到了一个子弹形状的简易铣刀。没有必要为它开刃，因为石墨非常柔软。

4 切下两块2.5厘米厚、5厘米见方的石墨并将其磨平。将两块石墨夹在一起，形成一个5厘米厚的石墨块，然后在其四角钻4个穿过两块石墨、直径为6毫米的小孔。

5 将两块石墨分开约2.5厘米，用一个台钳将其夹在一起，然后将子弹状铣刀放在它们中间。

6 用铣床切削其中一块石墨，并使切去的部分正好为铣刀直径的一半，这就形成了半个模具。反方向移动铣床工作面，在另一块石墨上加工出模具的另一半。

7 用直径为6.5毫米的钢筋贯穿4个导引孔，将两块模具装配在一起。如有必要，可用凹槽刀头将4个孔的顶端扩大，形

成更方便使用的圆锥孔。

8 用首饰铸造坩埚熔化准备好的纯银（记住纯度为99.9%的银是为狼人准备的。）

9 将银液注入模具并让其慢慢冷却。如果你得到的是一颗不完整的子弹，那是因为银在充满模具之前就已经凝固了。解决这个问题的方法就是在注入银液之前用喷灯预热模具。

10 当模具冷却之后将其分开。锯下浇注口，锉平子弹的尾部，然后将其抛光成镜面的亮度，因为你要自豪地展示这颗子弹，而不是真的用枪发射。

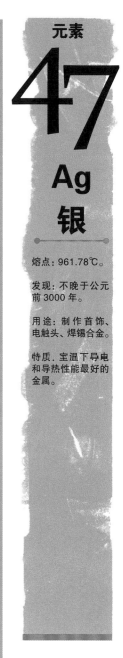

元素

47

Ag

银

熔点：961.78℃。

发现：不晚于公元前3000年。

用途：制作首饰、电触头、焊锡合金。

特质：室温下导电和导热性能最好的金属。

用铣床制作石墨子弹模具。

用坩埚将纯银加热至962℃，使其熔化后倒入石墨子弹模具内。

自制电灯泡

焊机电源（左）可以提供足够多的电能将钨棒加热至2700℃，用冰桶充当灯罩，氩气取代氧气。（注意：不能使用便宜的一次性瓶装氩气，因为它们含有防止儿童窒息的氧气。）

→ 和爱迪生比聪明：采用现代方法，用氩气和电焊机电源制作灯泡。

著名的发明家爱迪生花了几个月的时间来尝试让灯泡正常工作。在一个抽成真空的钟形玻璃罩内，他尝试了一种又一种材料，直到笑逐颜开地找到了发光时间足够长的炭丝。在一个有空闲的下午，我想看看自己是否也能这样做。

爱迪生的第一个错误就是生活在一个还没有制造出钨丝的时代。作为灯丝材料，钨有着炭丝无法比拟的优越性，而且在任何一家五金店铺都有售。它的发光更为持久，不易损毁，而且灯光更为明亮、清洁。他的第二个错误直到今天还在课堂上的物理演示实验中重复着，那就是用抽真空的方法抽灯罩中的空气。抽取空气是十分重要的，因为在灯丝由黄色变为白热状态（温度由 1900℃上升到 2700℃）的过程中，几乎所有已知的金属（甚至包括钨丝）都会与氧发生反应，并在几秒内烧毁。而抽取氧气后灯丝就不会燃烧了，但是抽真空无疑把简单的事情搞复杂了，因为我们需要一个昂贵的真空泵、可以承受周围大气压力的厚厚的玻璃罩以及一些无缝管状接头。而使用和周围环境大气压相同的惰性气体来置换灯泡内的空气就容易多了，这也是现代灯泡的制作方法。

普通的家用灯泡使用氩气和氮气的混合气体。炫目的氪气手电筒和汽车上的氙气大灯则分别使用了更重一些的惰性气体，这使得灯丝的燃烧时间更长，温度更高。

> "在温度由 1900℃升到 2700℃的过程中，几乎所有已知的金属都会在几秒内烧毁。"

元素

2

He

氦

熔点: −272.2℃ (在25个标准大气压下)。

沸点: −268.9℃。

发现: 1868年, 由法国科学家让桑和英国科学家洛基尔发现。

名称由来: 希腊文 *Helios*, 原意为"太阳"。

主要用途: 气球充气、潜水、核反应、冶炼、焊接。

我选择了氦气, 因为它更容易得到, 并且比空气轻, 这样就很容易充满灯泡。另外还准备了一个底部凸起的玻璃冰桶(它大概是我结婚时的礼品)。我将冰桶倒置起来, 这样可以从下面充入氦气, 将里面的空气排出。由于氦气可以源源不断地鼓入, 我甚至不需要密封冰桶, 只需要用锡纸包裹冰桶口, 不让空气进来就可以了。

至于灯丝, 我使用了到处可以买到的粗钨丝, 电源则使用通过拍卖得到的小型焊机电源。这个电源可以提供电压为30伏、电流强度约为50安的电流, 足以保证一只1500瓦的灯泡用电。如果在没有用冰桶覆盖的情况下给钨丝通电, 钨丝会产生异常惊人的氧化钨浓烟, 而且仅能持续很短的时间。但是如果罩上冰桶并通入稳定的氦气流, 钨丝就会发出干净、明亮的光。

当爱迪生最终看到这样一些东西第一次正常工作的时候, 他肯定相当震撼! 虽然我仅仅苦干了半个小时, 并且一次实验便如此完美, 但我还是很激动——不错, 我第一次做实验时就没忘记通入氦气。

如何 用玻璃罐制作灯泡

你需要:

☐ 一罐纯氦或者纯氩　　☐ 钨焊条或者粗钨丝　　☐ 玻璃冰桶或者大口罐
☐ 电弧焊机　　☐ 锡纸或者保鲜膜　　☐ 安全眼镜

1 首先将焊机的两个电极夹具牢牢地固定好并使其呈竖直状态, 然后将一根直径为1.6毫米的钨焊条(可以到焊接材料商店或五金商购买)夹在两个电极夹具之间。

2 把玻璃冰桶或大口罐翻转倒扣在钨丝上, 注意玻璃最好要远离焊条和夹具。

3 用锡纸松散地封住底部(注意不要让焊条短路)。

4 从氦气罐引一根管子穿过锡纸进入玻璃冰桶或大口罐内。应该使用纯氦, 不要使用给气球充气的氦气, 因为那里混有防止儿童窒息的氧气。

5 保持稳定的氦气流入装置内。这些氦气将上升到顶部并最终充满整个装置。

6 接通电焊机电源并站在附近, 一旦出现意外情况, 立即关闭电源。这些意外包括玻璃受热破碎和焊条烧穿玻璃。如果焊条冒烟, 那就意味着装置内没有充满氦气或者氦气不纯。

7 也可以换用氩气。这时玻璃冰桶或大口罐应正放, 而电极夹具则应向下倒置(因为氩气比空气重)。

最短命的灯泡：当钨丝暴露在空气中（见上排图）或者冰桶中的空气没有抽净（见下排图）时，它就会和氧发生反应并燃烧冒烟，在几秒内烧毁。

用吸尘器充当鼓风机，通过其出气口从下方鼓入空气，将一个普通的铁架子变成狂暴的地狱之火，它可以熔化玻璃、钢铁。如果任其燃烧，它甚至可以将自己也熔化掉。

用烧烤架制玻璃

➡️ **怎样用烧烤架和石英砂制作玻璃饰品？**

制造玻璃的所有材料都可以在海滩和洗衣店这两个地方找到。将纯白色的石英砂熔化成玻璃是可能的，只是需要1600～1900℃的高温。但若石英砂中加入纯碱（碳酸钠，也叫洗涤碱）、石灰或者硼砂（四硼酸钠，是一种传统的洗衣用品），就可以打乱二氧化硅的晶体结构，并将所需温度降低到一个更易达到的水平——虽然仍是有危险的1100℃。这个温度可以用放在后院的烧烤架和真空吸尘器达到。通常认为，玻璃是由7000年前的腓尼基人发明的。他们当时在海滩上生火烧饭，结果将制造玻璃的原料混合到了一起，在火焰的作用下偶然得到了玻璃。

如果从底部不断地给炉火鼓入空气，它的温度就可以达到将那些混合在一起的物质熔化成玻璃的程度。但这个温度还不足以将其真正液化，所以会留下一些气泡并使玻璃呈雾状。我将这些很细的基本原料混合在一起并在一个铸铁锅中加热，而后将熔化的玻璃倒入石墨模具中并用刻有图案的石墨模子压出花纹。

钠钙玻璃的熔点最低，但是必须慢慢冷却，以防因热应力而破碎。硼硅玻璃，也就是通常所说的耐热玻璃，要在较高的温度下才能熔化，但可以更快地冷却。我给它们都加上了凸起的花纹并将其放在火中几小时慢慢冷却，直到炉火熄灭。

虽然用石英砂直接制造玻璃令人满意，但用真正的玻璃来做这个实验更现实。我们可以将旧试管熔化来制造高档的硼硅玻璃酒瓶和彩色玻璃。但需要注意，碎玻璃都很锋利，而且熔化时会很烫。

用这种方法制成的玻璃不会完全透明，但是我做的这些装饰品（旁边还有模具）看起来还不错。

> **"在石英砂中加入纯碱或硼砂可以扰乱二氧化硅的晶体结构，将其熔化温度降至更易实现的1100℃。"**

如何 💡
将石英砂变成玻璃

你需要：
- ☐ 纯碱、石英砂和石灰
- ☐ 烧烤架
- ☐ 带排气口的真空吸尘器
- ☐ 铁制容器、黏土容器或石墨容器
- ☐ 石墨模具
- ☐ 耐高温手套
- ☐ 灭火器
- ☐ 安全眼镜

1 将制造玻璃的细粉原料按适当比例混合。混合比例不必太精确，但典型的玻璃配方大约为65%的石英砂、20%的纯碱和15%的石灰。

2 将混合好的原料放置在有盖的铁制容器、黏土容器或者石墨容器中并埋在煤块中间。从炉火底部鼓入空气有助于提高炉火的温度，但需要小心的是，如果炉火的温度太高，铁制容器或黏土器皿可能和玻璃一起熔化掉。（下接56页）

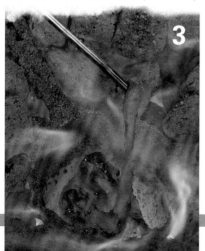

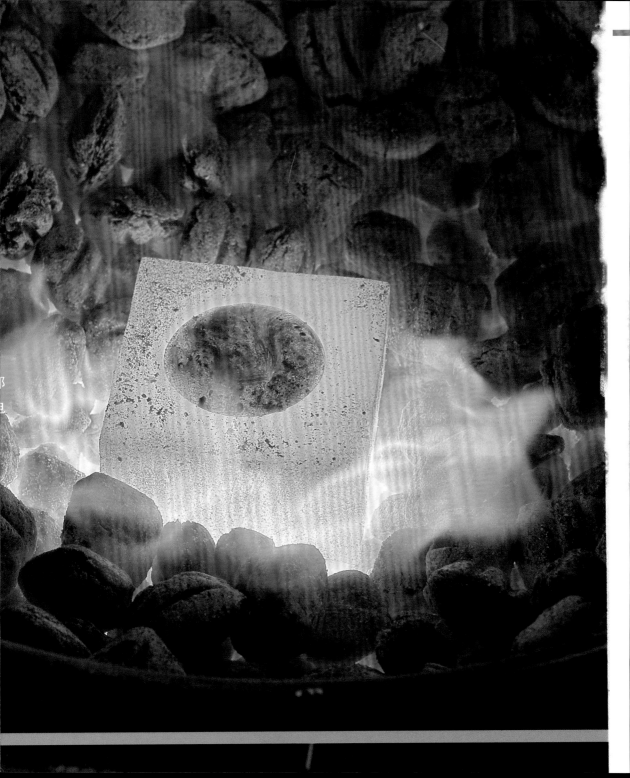

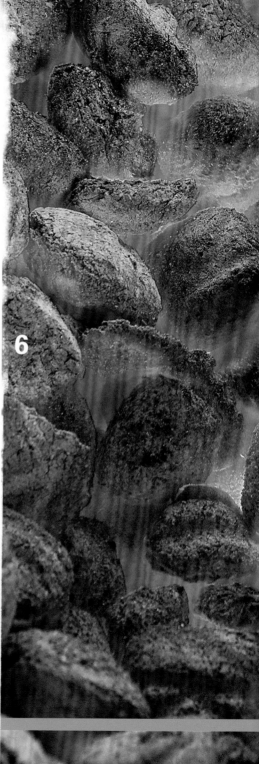

如何 💡

将石英砂变成玻璃（续）

3 玻璃已经形成后，用一根长钢棍将它从容器中取出。因为玻璃很黏稠，你可以用钢棍将它挑起来并卷在钢棍上将其取出。

4 将玻璃移到已经用炉火预热过的石墨模具中。

5 若要制作两面都有图案的玻璃饰品，则需要一个分成两半的模具，将其上半部牢牢地压在柔软的玻璃上。

6 玻璃成型之后，应该让模具和玻璃慢慢冷却几小时。可以盖上烧烤架的盖子，让炉火自行熄灭。

5

6

加上标记：把玻璃放进模具，轧上图案。

正在冷却的玻璃，钠钙玻璃冷却得太快时会破碎。

用滚筒从玻璃杯里拉出尼龙丝。这些尼龙是在两种化学原料的界面上形成的。

拉出尼龙丝

 自制世界上第一种人工合成纤维。

　　1938 年，原本以生产火药知名的美国杜邦公司公开了一项在制袜史上无疑是最重要的发明——尼龙。

　　尼龙既不是偶然发现的，也不是从天然原料中提取的。它是第一种有目的地设计的材料，其基础就是对高分子化学的认识，以及要填补制袜业市场漏洞的强烈愿望。这家公司承诺，这种具有魔力的产品将把时尚女性从丝袜昂贵且容易松垮的困境中解放出来。它成功了！各种关于抢购尼龙袜的报道铺天盖地，人们常常着魔似的等上几小时，甚至通宵排队去抢购一双尼龙长袜。

"当己二胺分子与癸二酰氯分子连接在一起时会形成由数千个原子组成的长链，这就是尼龙。"

幸运的是，现今的尼龙供应很充裕，而且如果你有一本化学制品简明手册的话，自制尼龙也并非难事。我们只需将己二胺与癸二酰氯这两种化学物质混合在一起，它们的分子就会以交替的方式连接在一起，形成由数千个原子组成的长链，尼龙就这样形成了。

我所用的方法和调制分层鸡尾酒的方法很类似——不同密度的两种溶液会在玻璃杯中分层。密度较大的己二胺的水溶液会沉在玻璃杯的底部（为清楚起见，用食用色素将其染成了淡蓝色），而密度较小的癸二酰氯则浮在玻璃杯的上部。这时，在两种溶液的交界处就会立刻形成一层尼龙薄膜。如果用镊子将尼龙薄膜挑起来，那么在交界面上又会形成一层新的尼龙薄膜。于是，从一个普通大小的杯子中就可以连续不断地拉出几十米长的尼龙丝。

商业化生产尼龙时采用了稍微不同的反应方式，并且在拉制成纤维之前还要进行提纯、熔化等过程。另外，我自制的尼龙丝太粗且易断，不能用来制造编织物。哦，对了，无论如何，我更喜欢用法国丝绸制作的长筒袜。

如何 💡

拉出尼龙丝

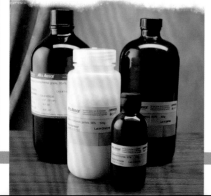

2

3

你需要：

☐ 0.5 摩尔 / 升的乙二胺和 0.5 摩尔 / 升的氢氧化钠混合溶液 30 毫升

☐ 0.2 摩尔 / 升的癸二酰氯的正己烷溶液 30 毫升

☐ 容积为 100 毫升的烧杯或玻璃杯

☐ 镊子　　　☐ 橡胶手套　　　☐ 安全眼镜

1 小心地将癸二酰氯溶液倒在己二胺溶液上面。如果你不能使这些化学药品保持分层状态，则可以向调酒师请教。

2 用镊子夹住两层溶液之间的薄膜，将它拉出来。

3 尼龙丝形成的速度与你从混合溶液中拉出的速度一样快。你可以使用任何顺手的东西将尼龙丝卷起来——我用的是刷墙用的滚筒。

4 最终产品：从盛放化学药品的玻璃杯中拉出的长长的尼龙丝。

4

制作完美的金属球

怎样将熔化的金属变成完美的球体？
——从屋顶上倒下来。

大约 230 年前，人们发明了一种制造猎枪弹丸的聪明方法——让熔化的铅从空中落下来。过去，这样做是绝对不可以的。

虽然完美的球形弹丸可以飞得更直，但是每个压铸模都被局限在 3 毫米大小，而且无法真正地大规模生产。在太空中，制造球形弹丸要容易一些。在零重力条件下，表面张力会把任何液体都拉成球形，这是因为在体积一定时球形的表面积最小。这个原理对熔化的金属同样适用，如同它适用于飘浮在航天飞机内部的水滴一样。在地球上，最接近零重力状态的是自由落体——掉落的物体享受着无重力的权利，直到撞到地面为止。

一位英国的水管工威廉·瓦特于 1782 年修建了第一个"制弹塔"（shot tower）。他在自家的三层楼房上又加盖了三层，并在每层地板上都打出一些小洞。然后，他在顶层将熔化的铅液透过筛网倒下去，让其落入下方的水池中。由于水的缓冲和进一步冷却作用，这些圆球得以形成，而且不会因受到冲击而变形。

除了六层楼的高度难以办到之外，重复这个实验很容易。我曾经用液压升降机到达了 10 多米的高度，但那是不够的，铅球落到水面上时仍旧呈熔化状态，没有得到令人满意的弹丸。虽然如此，但我也不打算带着一锅铅水爬到风车顶上去。对不起，你们只好面对我没有拍到完美球体镜头的现实了。

用一台振动电机摇动装有铅液的漏斗，使等量的铅液滴出并自由落下——这是现代制造精确尺寸的金属珠的演示实验。

> "在零重力条件下，表面张力会把任何液体都拉成球形，这是因为在体积一定时球形的表面积最小。"

熔化的铅通过筛网后成为液滴。如果自由下降的时间足够长，表面张力会使它们变成完美的球体。

如何 💡
将液态金属变成铅弹

你需要:

- □ 几千克金属铅
- □ 不锈钢平底锅
- □ 火炉或焊枪
- □ 筛网
- □ 20米以上的落差
- □ 一箱水
- □ 安全眼镜

1 用火炉或焊枪将铅熔化。注意:铅及其产生的烟雾都有毒,因此应在室外或者通风良好的区域做这个实验;另外,熔化的铅极烫!

2 将铅液通过筛网倾倒出来,让其分裂成液滴。

3 让液滴从至少20米的高度掉落到水池中。

元素

82
Pb
铅

熔点:327.46℃。

沸点:1749℃。

发现:早于公元前6000年。

名称由来:拉丁文 *plumbum*,意思是"软金属"。

用途:制造铅酸蓄电池、子弹、砝码、铅球以及防辐射屏蔽。

这是位于美国费城的"火花制弹塔"(Sparks Shot Tower)建于1808年。

用罐头盒制作探照灯

在我用便携式汽车蓄电池供电的探照灯的照射下，躲在玉米地里的孩子们无处藏身。

> 在两个手提灯电池的碳电极之间激发电弧，做一个探照灯，让黑暗无所遁形。

如果一个问题可以有很多解决方案，那就等于说还没有一个好的解决方案。在 100 多年前，有许多方法可以为居室或者街道照明。虽然这些方法大多已被遗忘，但是当时最普遍的光源之一就是碳弧灯，它是由英国科学家汉弗莱·戴维于 1809 年发明的。在随后的几十年里，它几乎可以与白炽灯相提并论。碳弧灯曾广泛用于探照灯照明以及电影摄像和放映，直到 20 世纪 50 年代才被逐渐取代，因为这些地方需要亮度高并可聚焦的光束。

碳弧灯制作起来非常简单，仅仅需要一个马口铁罐头盒和两块废弃的手提灯电池（注意：不是普通的碱性干电池），你可以在不到 10 分钟的时间内完成。首先从两块废弃的手提灯电池中取出两个大约 10 厘米长的碳电极，然后将其插到罐头盒上打通的两个小孔中，再用一团绝缘材料（如陶瓷棉、玻璃纤维或者其他任何不能燃烧的东西）堵住小孔。这样，一个碳弧探照灯就做好了。

探照灯做好以后，在两个碳电极之间加上大电流的低压电源（如汽车蓄电池），让罐内的两个碳电极末端相互靠近，这时在它们之间就会激发出电火花。这样，一道由呈白热状态的电弧产生的炫目的强光就会从罐头盒的正前方投射出来。注意，千万不要在没戴护目镜的情况下直视，否则强烈的光线可能让你失明。）

只要让两个碳电极之间保持合适的距离，这个探照灯就可以发出明亮而稳定的光线。为此，一些伟大的头脑曾经想出过更加聪明的主意，使碳电极慢慢燃烧时仍能保持合适的距离。这些伟大的头脑还有更多令人激动的发明，如现实中展现的一样。

"呈白热状态的电弧产生的炫目的强光从罐头盒的正前方投射出来，它的亮度足以让你因此失明。"

如何 用罐头盒制作探照灯

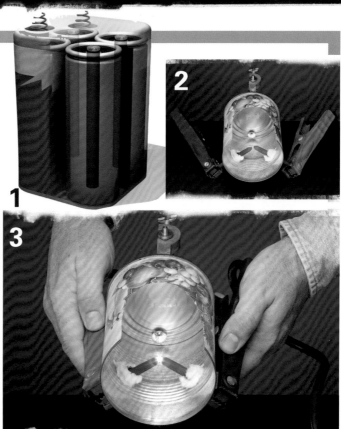

你需要：

☐ 两个碳电极
☐ 大罐头盒
☐ 一小团玻璃纤维绝缘材料
☐ 汽车蓄电池
☐ 汽车蓄电池搭电电缆
☐ 焊工所用的护目镜

1 从废弃的手提灯电池中取出两个约10厘米长的碳电极。

2 将碳电极从罐头盒的小孔中穿过，然后用绝缘材料塞住碳电极和马口铁罐头盒之间的空隙，避免其相互接触。

3 给两个碳电极接上大电流的低压电源（如汽车蓄电池），使碳电极的末端相互靠近，它们之间将产生火花。为使碳弧持续明亮地发光，碳电极之间的距离要仔细调整，微小的变化就会使发光情况发生很大的改变。

4 碳弧灯的强光可以穿透深色的玻璃。电弧的温度超过3800℃，极其明亮。除非戴上焊工所用的护目镜，否则千万不要直视电弧。

☠ 真实的危险警告

除非戴上焊工所用的护目镜，否则千万不要直视电弧。拆解电池时最好戴上安全眼镜，以防电池中的液体在高压气体的作用下喷出。

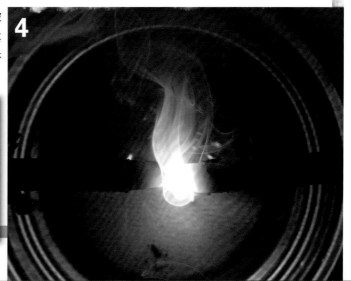

这是我自制的火柴点燃的瞬间。

制作完美的火柴 ☠

 用白乳胶驯服地球上最不稳定的物质——磷，自制一擦即着的火柴。

火柴是很不安分的东西，虽然它们在你的面前安静整齐地排列着，摆出一副与世无争的样子。火柴的确属于最危险的化学品之一，只需简单的摩擦或碰撞就会燃烧。

但是，火柴本来就应该是那样的。为了防止火柴意外点燃，人们很聪明地为现代火柴的点燃设计了两个步骤：火柴点火剂中的化学药品（无论是一擦即着的火柴顶端还是安全火柴的火柴盒擦皮）必须与火柴头上的燃料混合起来，同时摩擦产生的热量必须使点火剂的温度高于燃点。

这种经过多年小心翼翼甚至说是历尽艰辛研究出来的成果就是：用红磷作为点火剂，用氯酸钾和硫黄的混合物作为燃料。红磷通

熔点: -218.4℃。

沸点: -182.96℃。

发现: 1774 年，英国化学家约瑟夫·普利斯特和瑞典化学家舍勒。

名称由来: 希腊文 oxygene，意思是"酸素"。

用途: 熔炼、焊接、制造火箭推进剂、医疗。

常很稳定，但是少量的红磷会因摩擦生热而转变为危险的白磷。瞬间闪现的白磷被带入燃料混合物中也会发生剧烈反应，使火柴点燃。

商品化的火柴中加入了几种奇特的成分，使得它们便于储存且容易点燃，但是我决定自制一批火柴时只使用了一些白乳胶。在经过几次失败之后，我终于制出了一擦即着的火柴。我把一团氯酸钾与白乳胶的混合物揉成小球并粘在 3 厘米长的小木棍上，然后在火炉上慢慢烘烤，直到它们干燥变硬。点火剂就是一团粘在火柴棍上的白乳胶与红磷的混合物。在火炉上慢慢烘烤之后，一擦即着的火柴就做好了，而且它们确实很好用。

一个警告: 白乳胶是自制火柴的关键所在——它将两种不稳定的化学物质相互隔离。如果你直接混合红磷和氯酸钾的话，那么最可能的后果就是你会在混合的刹那间（而不是之后）因爆炸致残或失明。所以，经验丰富的烟火师傅决不会使用这种混合物，他们会选择更安全的化学药品。当化学家们要演示这两种药品的活性时，他们会戴上厚厚的面罩和皮手套，用一根羽毛在平坦的铁板上（决不在容器中）慢慢混合。这的确是很危险的混合物（我们可以用白乳胶将其驯服），但是只有用这种混合方法才可以将其变成有用的火柴。

在火柴中红磷是有用的，但白磷是一个噩梦。白磷会在空气中因自燃而发光，这是炼金术士的一个最佳发现。一旦被它瞄上，你就没命了。所以，还是要听妈妈的话: 别随便玩火柴。

如何

制作火柴

你需要:

☐ 红磷　　☐ 氯酸钾

☐ 白乳胶　☐ 3 厘米长的小木棍

☐ 火炉　　☐ 灭火器

☐ 安全眼镜

1 将氯酸钾与白乳胶混合成糊状。

2 将小木棍的一端在糊状混合物中转动，然后在65℃的温度下烘烤2小时。

3 将烘烤后的一端斜插入红磷和白乳胶的混合物中。此为点火剂。

4 再烘烤一次，随处可擦燃的火柴就制成了。

"经验丰富的烟火师傅决不会将红磷和氯酸钾直接混合，因为那样做是极其危险的。"

铅笔芯是怎样 插进去的

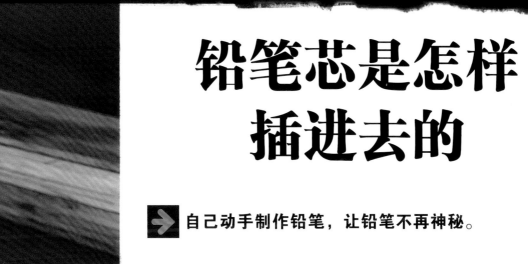

➡️ **自己动手制作铅笔，让铅笔不再神秘。**

很多东西都可以自己在家中制作，例如纸杯蛋糕、棉被、橱柜等，但是铅笔呢？制作铅笔的关键是如何将铅笔芯放进去。它与在家制作晶体管和灯泡这样的项目一样，列在既困难而又无意义的排行榜上。因此，我当然要亲自试一下，尤其是当我读了亨利·佩特罗斯基那长达 400 页的《铅笔》一书之后。那是一本关于铅笔的历史的著作。

很久之前，人们曾经用很多材料制作书写工具，甚至包括金属铅。但是，当 1565 年左右在英格兰的巴罗代尔发现石墨矿之后，石墨笔（有点费解，仍旧被认为像铅一样）就因其非同一般的顺滑和乌黑的笔迹而很快风靡全世界。在 17 世纪的德国，除了将成块的巴罗代尔石墨手工切割成方形笔芯之外，整个工匠协会没有做任何事情。

现在，eBay 取代了巴罗代尔石墨矿，我们可以从上面随时买到重达几千克的高质量的合成石墨，而且强悍的斜切锯也取代了往昔的手锯。当我将石墨切割成条状的笔芯之后，便开始把目光转向带有芳香气味的红杉壁橱内衬板，那是我从家具中心购买的，特别适合制作高档的铅笔，因为它具有易于切割的特点。我用一个台锯切割出了 6 个凹槽，然后用乳胶将石墨条粘在里面，并使其在一端稍微露出一些。

"机制的铅笔使用的是用掺有黏土等材料的石墨制成的圆柱形笔芯，并用两根带有半圆形凹槽的木条将笔芯夹住，这几乎是不可能用手工完成的。"

石墨

它是什么：碳的一种同素异形体或物理形态。

外观：柔软的黑色固体。

用途：制作铅笔、电机炭刷、水过滤器。

价格：在 eBay 上，一块 9 千克重的石墨售价约为 40 美元。

胶水晾干之后，我便用一台小型压刨床进行打磨，使石墨芯与木块平齐，然后在上面粘合上一块红杉薄板，并用台锯将其切割成一支支单独的铅笔，再用长刨将其刨成八边形。

下一步是用烫金印字机在上面烫上金字，就像商店出售的那些铅笔一样。一旦在砂轮（真正的男子汉削铅笔的地方）上削尖，我的家庭自制版铅笔便会显示出其出众的书写性能。

我用手工制作的铅笔使用了方形笔芯，而机制铅笔使用的是用掺有黏土等材料的石墨制成的圆柱形笔芯，并用两根有半圆形凹槽的木条将笔芯夹住，这几乎是不可能用手工完成的。但不论怎样，笔芯都不是插进去的，而是夹在两块木条之间。现在你明白了吧。

如何 💡
自制铅笔

你需要：
- ☐ 石墨
- ☐ 易切割的薄木板
- ☐ 乳胶
- ☐ 斜切锯
- ☐ 台锯
- ☐ 压刨床
- ☐ 安全眼镜

1 将石墨切成约3毫米厚的薄片，然后再切成5毫米宽的细长条。

2 在木板上切割出3毫米宽、3毫米深的凹槽。

3 将石墨条粘在凹槽中，而后将其刨平。

4 将一块薄一点的木板粘在其上，然后再切割成一支支单独的铅笔。

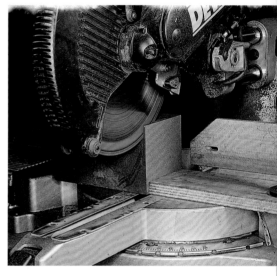

第3章

原始动力

电火花的巨大威力

> 汽车里的火花塞可以产生电火花，电火花的温度足以熔化普通金属，下面的实验将展现它的威力。

火花塞属于那种微小而不起眼的东西，但是如果没有它，我们这个世界就可能无法运转下去了。就像机器中许多"怀才不遇"的齿轮一样，火花塞的生活很"艰辛"。

一个高质量的火花塞可以在超过16万千米的里程中承受3亿次的火花冲击（大约每秒20次）。随着燃料燃烧，每一个电火花都在火花塞的头部附近触发一次爆炸，从而驱动发动机的活塞运动，汽车也才能得以前行。然而，电火花的威力远比它所引起的爆炸更具有破坏性。钢制的汽缸活塞和阀头可以承受爆炸的虐待，但钢制火花塞的寿命则短得多，大概仅能维持到你把车开到商店购买新的火花塞。

从分子水平上看，每一个电火花的产生都是由一团接近光速的过热的等离子体撞击到电极上所致。要知道，一个加热至几千摄氏度的微小表面可以爆离出数十亿个原子。更糟的是，因为电火花而产生的腐蚀性气体极易与金属表面发生化学反应，从而形成隔热层，使火花塞报废。因而，你需要一种高熔点的金属，它应该在极端条件下仍旧保持金属光泽。具有这种特性的金属都属于"贵金属"。

随着时间的推移，零部件制造商开始使用金、铂、钯和铱之类耐腐蚀的贵金属。高档火花塞的成本大约是10美元，但它们的寿命几乎与汽车的寿命相当。现代冶金技术已经给予现代火花塞一个与它们的祖先截然不同的寿命。虽然它们现在的工作活环境依旧是肮脏、严酷的，但寿命变长了。

这个装置模拟了现代火花塞的工作原理，可以说是一个放大的白金火花塞。它的电极是两枚白金硬币。这张照片通过了多次曝光，实际上每次只会产生一个电火花。

"早期的火花塞是用铜、镍或铬合金制造的，无法适应肮脏而严酷的工作环境，其寿命非常短暂。"

元素

78

Pt

铂

熔点：1768.3℃。

沸点：3825℃。

名称由来：出自西班牙文 *platina del pinto*，意为"平托河中类似银的白色金属"。

自然界中的储量：黄金储量的 1/30。

用途：制造化学催化剂、首饰、电触点。

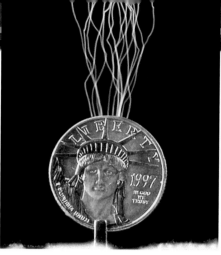

如何 产生电火花

你需要：

☐ 维姆胡斯特起电机
☐ 铂币或金币
☐ 导线

1 先要买一台可用于演示实验的维姆胡斯特起电机，其价格约为 120 美元。这种仪器可通过两个以相反方向旋转的塑料盘和铝盘产生静电。

2 将两枚贵金属硬币连接起来，以模拟用金、铂或钯制作的火花塞（起电机附带的电极是便宜的镍铬电极）。

3 转动起电机的曲柄，可以看到火花飞溅。本实验用的这种尺寸的起电机不会对人体产生大的伤害，如果去碰一下电极，那将是一次有惊无险的冒险。

图中展示了各种新式和老式的火花塞，其中包括一个拖拉机用的古香古色的钨火花塞和一个已经停止生产的金钯火花塞。

自己制造氢气

> **氢被称为未来的燃料。如果你现已经迫不及待，那就准备一杯水和 9 伏电源吧。**

氢是最值得期待的未来能源之一。氢并不是能量的源头，你必须消耗其他的能源才能制造出氢，但它是存储和传输能量的好方式。氢燃料电池能够为汽车和家居提供能源，如果氢可以通过风能或太阳能来生产，那么这将是一个真正的零排放能源系统。

我的第一个氢实验是把一节 9 伏电池投入到一杯水中。（嘿，我那时只有 12 岁，你能期待我怎么做？）令我惊讶的是，它起作用了：我将亚原子粒子"组装"成了纯氢气。这些质子存在于水中，因为水中总有大量不受约束的质子（这些裸质子就是通常所说的氢离子）。电子则来源于电池，当我把这些电子注入水中时（好了，就说是跳入水中吧），它们就会附着在质子上，形成了一些小的氢气泡。这挺不错了，但还不太给力。

为了增强水的导电性，我又在水里加了些食盐，这样可以增大电流，从而增加和质子配对的电子的数量。出于同样的原因，我还把电池末端的导线卷了起来。不

幸的是，它们很迅速就被腐蚀了，这就是我后来选择碳电极的原因：它们经久耐用，而且非常便宜。我用了很长时间来拆解手提灯电池，并从电池中取出碳电极（我喜欢这种方法，因为它们连着现成的导线，当然你也可以从任何一家五金店买到）。一旦它们被打磨干净并连接到 9 伏电池上，就能产生大量咕咕作响的氢气（并从另一个电极产生氧气）。至于电池的使用寿命，因为电流大得惊人，因此只有几分钟而已。

为了确定哪个电极产生了哪种气体，可以拿一根火柴放在靠近水面的地方。电池负极产生的气泡会发出轻微的噼啪声和闪光——那一定是氢。虽然氢气易燃，但 9 伏电池产生的氢气不足以构成危害。实际上，与汽油、天然气和丙烷相比，氢气是相当安全的，只要不把它和氧气收集在同一个容器中就可以了——那是一种非常危险的易爆混合物。事实上，因为这两种成分如此易于爆炸，在液体火箭发动机中，它们只是在发动机点火的时候才混合。

这是手提灯电池的照片，它可不是普通的碱性电池。可以从废弃的手提灯电池中取出碳电极来制备氢气。

"水中总有大量不受约束、来回运动的裸质子，也就是通常所说的氢离子，它们与电子结合后就形成了氢原子，两个氢原子结合起来就是一个氢分子。"

当9伏电池产生的电流在水杯中流动时，在其负极（接黑色导线）上就产生了氢气泡，而正极上则形成了氧气泡。

H₂O
水

熔点：0℃。

沸点：100℃。

发现时间：自古已知。

来源：在地球上广泛分布。

用途：组成生物体。

真实的危险警告 拆解手提灯电池时要戴安全眼镜，以防电池中的液体在高压气体的作用下喷射出来。

这是一台最原始的电动机。电流通过导线流向十几千克的汞，导线围绕磁铁作圆周运动。

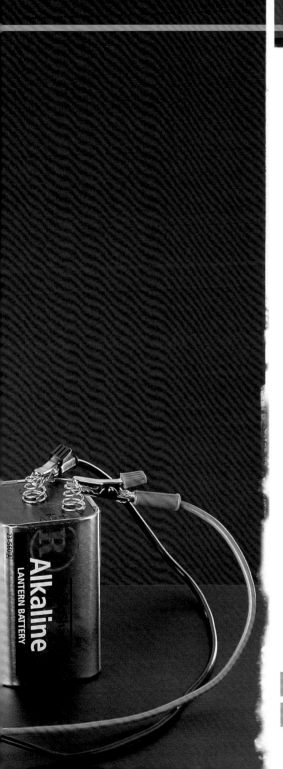

与毒共舞

> **在人们知道汞的毒性有多大之前，它有很多有趣的用途。下面介绍其中的一个：用十几千克汞制作一台最原始的电动机。**

在不久的将来，一定会有极其伟大的事物出现，例如喷气式汽车和我们现在无法预想的事物。但在并不久远的过去同样有很多我们现在无法想象的奇怪东西，例如江湖郎中使用的水银（即汞）罐。仅仅在 50 年前，人们还像玩玩具一样对待这种闪耀着光泽的液态金属。不幸的是，我将永远也无法像当年参观工厂的孩子们那样把自己的整条手臂都插入一桶汞里去体会那种陌生而奇怪的感觉。今天，汞被视为一种可怕的有毒物质，人们对它的防范程度已经到了学校会因为一只水银温度计的破损而要全员撤离的地步。

"作为室温下呈液态的金属之一，汞是最好的液态导体，但它的毒性很强。"

当然，汞并不是因为我们的议论而使毒性变得更大，而是因为我们对它的了解更多了，包括吸入汞蒸气会导致脑损伤的事实。例如，在《爱丽丝奇遇记》中，那个帽匠就因为在制作帽子时使用了汞的化合物而成了疯子。

但事实上，除了娱乐和损伤你的大脑外，汞可以做的事还有很多。作为室温下呈液态的金属之一，汞是最好的液态导体。因此，在配备了大风扇、乳胶手套和汞收集盘这些防护用品后，我用 15 千克汞重现了法拉第于 1821 年在他位于伦敦的地下实验室中所发明的第一台电动机。

该电动机的工作原理是让电流通过悬挂在磁铁旁边的导线，然后会产生电磁力推动导线运动。但是，为了让电流通过导线，你需要将导线的两端连接起来形成一个闭合的电路，因此，法拉第使用了可以在电极两端自由移动的汞。（注意：在实验中使用过的所有物品都不能再在厨房中使用。）

虽然可以说法拉第电动机没有什么使用价值，但它确实是第一个最简单的用电力产生旋转运动的装置，很精彩地为电动机的概念提供了实际例证，并证明汞的确是一种很棒的东西。

使用前，要用咖啡滤纸对汞进行过滤净化。

如何 💡
制造最原始的电动机

你需要：
☐ 约 15 千克汞
☐ 一个结实的容器
☐ 一个金属的香蕉挂和一根悬挂在它上面的导线
☐ 一块磁铁　　☐ 一块手提灯电池
☐ 一个通风橱　☐ 一双乳胶手套

1 将一块磁铁固定在容器的中央，使得磁极指向上下方向。

2 倒入干净的汞，使之淹没磁铁。

3 将一截导线挂在容器上方的香蕉挂的金属钩上。

4 将汞连接至电池的一极，导线接至另一极，观察导线的转动。

 真实的危险警告　　汞是有毒的，它会在人体中慢慢积累，造成神经系统的不可逆损伤。即便是很小的一滴汞，清理起来花费也不少。

熔点：−38.83℃。

沸点：358.73℃。

发现时间：自古已知。

名称由来：罗马神话中以敏捷著称的商业之神墨丘利（Mercury）。

用途：制造温度计、荧光灯、雷管引爆装置等。

在所有装置中有一根粗大的塑料管没有显示在照片中，它的作用是收集不小心洒落的汞。此外还有一台直径为1米多的大电扇没有显示，它的作用是将汞蒸气吹到实验室外。

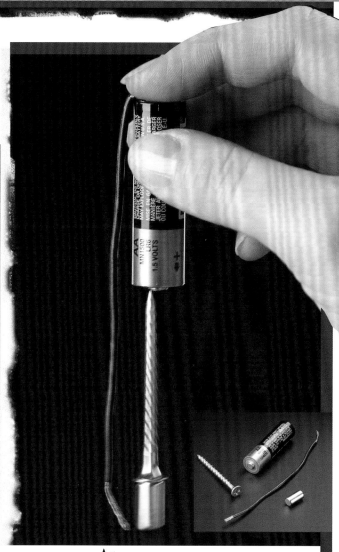

如何 💡
制造无毒的电动机

　　即使没有香蕉挂和装汞的容器，同样可以制造一台工作原理相同的电动机。你可以仿照此图中的装置，用一块磁力强大的钕铁硼磁体将一根金属螺钉吸住使其直立，然后让螺钉轻触五号电池的负极，螺钉就会转动起来。

漂亮的重力电池

 在一杯果汁中放入铜和锌，你就可以造出一个电压为1伏的液体电池。

过去，人们常常在家里自制很多东西。他们自己搅奶油，不用微波炉做饭，自己织袜子。100多年前，人们甚至自己发电，用自己做的电池给门铃和电报设备供电。

如今一些用于重要场合的电池都是可充电的。但是，如何在没有电网的地方充电呢？早期的电池都被设计成可"更新的"，意指替换或补充一些化学药品就能让其重新提供能量。你需要添加在当时的百货店里可以买到的东西，如"乌爪锌"（crow's-foot zine）、硫酸铜、二氧化锰、烧碱等。

有一种特别"上相"的电池被称为重力电池，因为它是靠重力结合在一起的。这类电池通常用于给电话和电报设备供电。电池的底部是蓝色的硫酸铜溶液，上部是硫酸锌溶液。这两种溶液因密度稍有不同而相互分离。

在这种电池的顶部，锌电极释放出电子，同时底部的铜离子会得到电子而被还原为金属铜。这个装置产生的电压刚好超过1伏，把5个这样的电池串联起来就足以点亮手电筒或给一个iPod充电。

任何对这种玄妙的、分层的电解液的扰动和破坏都会毁坏重力电池。但如果足够小心，你可以为这种电池添加硫酸铜晶体，这样它就能够工作好几年。

"任何对这种玄妙的、分层的电解液的扰动和破坏都会使重力电池无法正常工作，但通过小心地添加硫酸铜晶体，它可以工作好几年。"

将 5 个自制的重力电池串联起来，可以为一排发光二极管供电。

甚至有人讨论用锌空气电池或铝空气电池来驱动电动汽车。像重力电池一样，这类电池可以通过加入更多的锌或铝来使它们重新工作，而不是将它们连续几小时插在充电器上。

元素
29
Cu
铜

熔点：1984.4℃。

沸点：2567℃。

发现：史前时期。

名称由来：希腊文 Cyprus（塞浦路斯），因为塞浦路斯曾盛产铜。

存在之处：动物血液中。

用途：制造导线、暖气管、硬币等。

如何

在杯子里制造电池

你需要：
- ☐ 玻璃杯
- ☐ 铜片
- ☐ 锌棒、锌条或锌锭
- ☐ 硫酸铜晶体
- ☐ 几滴盐酸

1 用相应的材料制作锌电极和铜电极。电极的形状不重要，但要尽量使它们的表面积增大。

2 将铜电极置于玻璃杯底部，然后倒入足够多的硫酸铜晶体，使之大约盖住电极的一半。

3 在杯子中加入半杯水。

4 搅拌，让硫酸铜溶解，水溶液变成漂亮的淡蓝色。

5 现在是关键的一步，在硫酸铜溶液的上面加入更多的水，但不能让它和底部的蓝色溶液混合。不过，不管你多么小心，直接倒入水都会使得电池不能工作。所以，我使用了一个移液管，让吸管头尽可能地接近硫酸铜溶液的液面，非常缓慢地加水。

因为现在市场上"乌爪锌"已经绝迹（即使在 eBay 上也没有），所以我自己用石墨模具铸造了一个。在这里只是为了炫耀一下，这种花哨的形状并不是必需的。

6 把锌电极挂在顶层液体中，不要使其接触蓝色的硫酸铜溶液。

7 为了使电池开始工作，在上层液体中滴入一滴盐酸以增强导电性。

通过小心翼翼地倒入新的硫酸铜晶体，可以使这种电池起死回生。但如果锌电极被耗尽，就必须更换新电池了。

自己提纯酒精

 自己制造燃料其实不难，但有一定的危险甚至违法。

乙醇（又称酒精）已经成了华盛顿的大热门，因为它可以取代石油，甚至和选举有关。汽车用的乙醇与酒精饮料中的乙醇本是一回事，但无论它存在于哪里，太多的乙醇都会使人失去判断力。

无论是在家里还是在工厂里，为了制造乙醇，首先要将玉米粉放入大桶中，加上水和酶。酶可以将部分玉米粉转化成糖。接着要添加酵母，它可以把这些糊状物质中的糖转化为乙醇。几天之后，其内的乙醇浓度最高可以达到10%。此时，酵母不再有活性。有趣的是，是它们自己把身边的环境变成"有毒"的。

通过蒸馏可以提高乙醇含量：含50%乙醇的是伏特加，含95%乙醇的是燃料。乙醇的沸点比水低，所以只需加热发酵过的玉米浆液就可以使乙醇变成蒸气，乙醇蒸气进入一个冷凝器中冷却后可以再变成液体，从而得以收集。

我做了一个玻璃蒸馏器，以演示它的工作原理。事实上，你不能直接使用玻璃壶或明火（玻璃在高温之下会破裂，乙醇蒸气还可能爆炸）。另外，因为我没有联邦政府颁发的蒸馏酒加工执照，所以我做实验的蒸馏器里没有放乙醇。但如果你有机会获得几斗玉米，你就可以绕过法律约束，制造自己的燃料了。

美国中西部地区已经建成了大量的乙醇工厂。它们可以保护环境吗？可能不行。可能需要消耗1升多的油来种植和处理玉米，最后酿造出1升乙醇。如果某天能将玉米换成植物纤维来制造乙醇，效率才会提高。但糟糕的是，我们将会看到很多威士忌工厂要开工了。

"乙醇的沸点比水低，所以只需加热发酵过的玉米浆液就可以使乙醇变成蒸气，乙醇蒸气进入一个冷凝器中冷却后可以再变成液体。"

如何

提纯酒精

你需要：

☐ 玉米粉　　☐ 蒸馏器
☐ 酵母　　　☐ 水
☐ 糖　　　　☐ 安全眼镜

1 用剩余的玉米秸秆和外皮供热，以提高产出效率。

2 用火焰加热含有发酵过的玉米、酶和酵母的浆液。

3 乙醇蒸气上升通过分馏塔，而水蒸气则冷凝并滴回浆液中。

4 液体乙醇在螺旋管中凝结，滴入收集瓶。

☠ 真实的危险警告

真正的蒸馏器绝不能使用明火，这里只是做一个示范。

制造燃料的配方：将酵母和玉米浆、甘蔗或植物纤维中的任意一种混合都能产生乙醇。

第4章

玩　火

熊熊燃烧的液氧滴

→ **当液氧的量足够多时，它强大得足以发射火箭。即使一丁点儿的液氧也具有相当大的威力。**

氧气是个好东西，它意味着生命。但是，假如大气中的氧气含量远远超过现有的比例 1/5，那么我们就会遇到十分严重的问题。大气中剩下的 4/5 基本上是氮气，一种很难与其他气体进行反应的气体。阻燃气体的主要作用是阻碍氧气燃烧，特别是涉及火焰时。对于燃烧时所消耗的每一点氧气，它加热并推开的氮气大约是其体积的 4 倍。在纯氧中，由于没有氮气这样的阻燃剂，在空气中很难点燃的东西也会像干草堆一样燃烧。1967 年，"阿波罗 1 号"的 3 位宇航员就因服装上代替纽扣的拉条在纯氧的加压舱中自燃而不幸在熊熊烈火中失去了宝贵的生命。

气态的氧气可以用于焊接和切割，而在普通的空气中，火焰很难达到能使钢铁熔化的温度。然而液氧能够真正显示出它的无穷威力。比如，煤油在空气中燃烧时可以点亮一盏露营灯，但如果是和液氧混合起来燃烧，则足以推动"土星 5 号"探月火箭（事实上，我们也的确是用煤油把它送上月球的）。

"因为氧的沸点比氮高得多，所以氧气可以像水蒸气那样在盛有液氮的金属容器外面凝结成液体。"

从装有液氮的铝罐外滴下的液氧掉到阴燃的纸片上时会立即产生明火。

虽然不足以支持一趟太空旅行，但是使用容易得到的液氮来制取少量且可控制的液氧还是切实可行的。我们可以在一个不大的铝制容器（例如易拉罐）中充满沸腾的液氮，这时容器的外表面就会形成一些露珠并流到容器底部——这是空气中的氧气凝结所致。因为氧的沸点比氮高，所以氧气会像水蒸气在寒冷的玻璃窗上凝结一样在容器的外表面凝结。

那么，我们怎么知道那些液滴是氧而不是水呢？实际上，如果这些液滴是水，那么它们就会在易拉罐上结冰。但是更直接的证明是让这些液滴滴到一些阴燃的木头或者纸张上。相信我，你是不会错过这个实验的。

如何
得到熊熊燃烧的液氧滴

你需要：
- ☐ 铝制易拉罐
- ☐ 液氮
- ☐ 可以燃烧的纸
- ☐ 灭火器
- ☐ 安全眼镜

1 把铝制易拉罐的顶部截去。

2 用大力钳把易拉罐固定好后，在其中充满液氮。

3 一旦易拉罐被液氮充满，氧气就开始在罐外凝结。

4 将易拉罐放置在燃烧或者阴燃着的纸的上方，并观察落到纸上的液滴。最终，会有霜在罐子外面形成，而液氧滴下的速度也逐渐减缓。

燃烧的尼龙在冒烟,但闻起来似乎没什么味道,这是因为空气中只含 21% 的氧气。

当纯氧通过黏合胶带时会迸发出火焰。"阿波罗1号"加压舱里有很多黏合胶带，而且充满了纯氧。

让金属燃烧起来

➡️ **如果将钢变成绒毛状，它也会燃烧。**

10岁时某一天的景象让我终生难忘：烤箱中面包的香味以及我指间松脆的钢丝绒。事实上，我母亲将火柴遗忘在了我能找到的地方。是的，我就是从那时起知道可以用火柴点燃钢。

这似乎很诡异，但金属燃烧的例子并不是那么稀奇，本书中就介绍了很多例子。你并不需要什么特别的东西帮助你点燃金属，只要用一把钳子夹住一卷钢丝绒（越细越好），用一根普通的火柴即可将其点燃。

你不会看到一个大火球，但它的确燃烧起来了。如果你对着它吹气，它就会烧得更快。因为会有许多红热的铁屑掉到地上，所以这个实验应该在室外进行，同时还要当心烫伤你的脚。

你能用一根火柴点燃钢丝绒，但为什么不能点燃一根铁钉或者一个铸铁罐呢？这是一个关于表面积与体积比的问题。金属燃烧实际上就是金属被快速氧化的过程，我们必须使金属的温度迅速达到燃点以维持连续的化学反应。较厚的铁块因导热太快而达不到燃点，但对于非常细的铁丝来说，热量无处释放，燃烧可以沿着一根根金属丝快速蔓延，使整团钢丝绒在不到 1 分钟之内变成氧化铁。

"燃烧钢丝绒并没有特殊的理由，除非你被困在森林里，并且随身带有 20 千克的钢丝绒和一个热狗。"

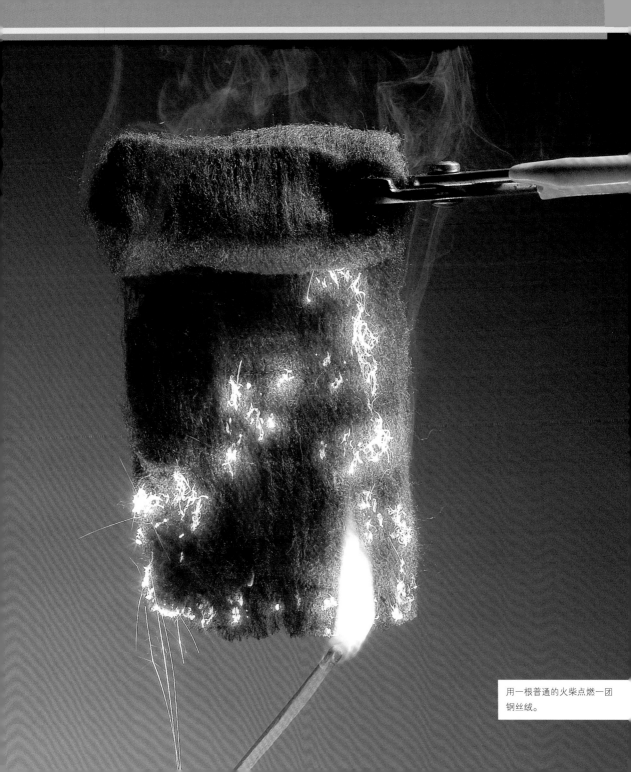

用一根普通的火柴点燃一团钢丝绒。

如果你被困在森林里，仅有一团钢丝绒和一节 9 伏电池，你照样可以生火。这种快速氧化的方式与等离子切割机的工作原理类似。如果你母亲不允许你拥有这些东西，最酷的方式是看一些似乎不能燃烧的东西产生火焰。

如何

使钢燃烧

你需要：
- ☐ 极细的 0000# 钢丝绒
- ☐ 钳子或者长镊子
- ☐ 火柴
- ☐ 安全眼镜

1 用钳子或长镊子将一团钢丝绒置于耐火台上。要使用那种带状的钢丝绒，而不要使用洗餐具用的钢丝球，也不要用铜或者不锈钢丝绒球。带状的钢丝绒通常能在五金店里的砂纸旁边找到。

2 用一根火柴点燃钢丝绒。

3 轻轻地吹燃烧着的钢丝绒，可以加快它的燃烧速度。

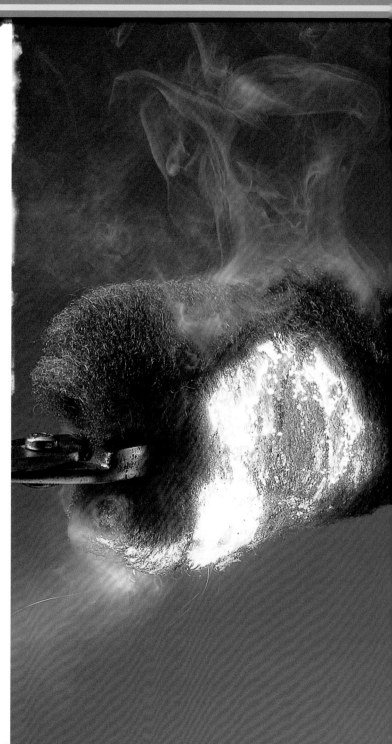

我女儿艾玛正帮我让钢铁快速"生锈"。

熔化不熔物

 建造一个仅凭借电就能熔化任何物质的电弧炉。

大约一个世纪以前，那时还没有电视节目供人们娱乐，一个叫作亨利·莫瓦桑的法国著名化学家想知道让大量电流通过放在绝缘盒子里的石墨电极时会产生什么现象。他推测，如果他能将电流所触发的电弧产生的热量收集起来，他也许会有所收获，结果他的奇思妙想得到了回报。

莫瓦桑的预感是正确的——天哪，他居然猜对了。他很快发现，当温度升到 4900 多摄氏度（后来熔炉温度提高到了 6900 多摄氏度）时，他熔化铁一类物质的速度比德国人用电阻丝进行加热的熔炉快了 20 倍。这就是电弧炉。

但是莫瓦桑的熔炉不仅限于熔化铁，它甚至可以熔化岩石和宝石这类物质，这是很多人（包括我，至少在我建了自己的电弧炉之前）认为不可能熔化的东西。

在今天看来，莫瓦桑做的就是将两根焊接用的碳电极连在一个从任何五金店都能买到的焊机上，然后将它们放进一个由耐火砖制成的盒子里。这个装置触发电弧的原理与焊机相同，但是绝热的密闭室使得热量得以积累，从而使炉内达到了超高温。实际上熔化物质的诀窍是触发电弧，使用炉子外电极的手柄来操纵炉子里的电弧，将其引导到欲熔化的物质上，将热量引向最需要的地方。但是由于产生了高热，电极会逐渐被消耗，所以必须不断调整它们，使其保持有电流通过。你可以通过电弧炉的观察孔看到里面正在发生的情况。当然，你绝对不能直接观察电弧，而必须佩戴焊工防护眼镜以防失明。

你仅花费 20 美元就可以买到材料来建造一个与莫瓦桑的最初设计非常相似的电弧炉（当然不包括 200 美元的焊机），并用来熔化一点钨，或者镍、铬、钼、玻璃、黏土……一切你能想到的东西都可以熔化掉。（其中包括你用来建造电弧炉的任何种类的耐火砖，唯一不能熔化的物质是石墨，这就是我采用石墨坩埚的原因。）

电弧炉的发明不仅是历史上的一次好奇的举动，它至今仍然被广泛地运用在钢铁工

"电弧炉触发电弧的原理与焊机相同，但是绝热的密闭室使得热量得以积累，从而使炉内达到了超高温。"

业中，只不过今天的设备使用的是遥控操作的 70 多厘米长的石墨电极，在充满 350 吨钢水的 2 米多深的炼钢炉中注入的是约 100 兆瓦的电力。(这种地方被称为微型工厂，你因此可以想象一个大规模的钢铁厂该有多大。) 同样的原理，更大的规模，这往往就是科学与技术的区别所在。

元素

6

C

碳

熔点：3724℃。

沸点：4827℃。

名称由来：得名于 "炭"。

发现：自古已知。

如何 💡

建造自己的电弧炉

你需要：

☐ 两根焊接用的碳电极　☐ 石墨块或坩埚　☐ 一打软耐火砖
☐ 焊工保护眼镜　　　☐ 焊机

1 将一块耐火砖切成上图中所示的形状，并将其余的耐火砖围在四周以构成一个熔炉。

2 插入焊接用的碳电极，用陶瓷绵将插入口封住。

3 将盛有欲熔化样品的石墨坩埚放入熔炉内，并将耐火砖置于坩埚上方。

4 将电极与焊机的电缆连接起来，戴上焊工保护眼镜，通过观察孔观察炉内情况，触发两个电极之间的电弧。为了更快地加热，可以让电弧穿过样品。

无焰之火

→ **拿个手电筒去看看你车里的催化式尾气净化器，了解燃烧究竟是怎么回事。**

对一个化学家来说，燃烧意味着一种燃料与氧气的快速结合，称之为氧化。例如，你也可以说："核电站没起火，只有'快速氧化事件'。"这句话曾使三里岛的官员们获得了 1979 年的"花言巧语奖"。

当汽油或者天然气在空气中燃烧时，会产生明亮的火焰——传统意义上的火焰，但是也有其他方法使这些燃料与氧气快速结合。你车里的催化式尾气净化器就是个极好的例子。大多数净化器包含有一块镶嵌着铂、钯或铑的蜂窝陶瓷（这就是我们常说的三元催化器）。除了其他作用之外，这些金属可将它们表面的氧气分子分解成一个个更活泼的氧原子，这些氧原子可以在比火焰温度低的条件下与燃料结合。

这种装置用在汽车里就可以消耗未完全燃烧的燃料，以减少它们的污染。但是，如果你给催化式尾气净化器更充分的燃料（比如，用一个熄灭的气焊枪对着它不停放地吹），它就会一直保持红热状态，虽然那些气体在与陶瓷相遇前并不热，你也看不到火焰。

只有达到 200℃以上的温度时催化剂才开始工作，所以你必须先对催化剂进行加热。我采用的方法是先用点燃的气焊枪来加热蜂窝陶瓷，然后迅速关掉气焊枪的燃气开关，使火焰熄灭，然后再打开燃气开关。

这些金属可将它们表面的氧气分子分解成一个个更活泼的氧原子，这些氧原子可以在比火焰温度低的温度下与燃料结合。由于将净化器加热到正常工作温度需要一定时间，所以汽车在城市道路上行驶要比在高速公路上行驶时造成的污染更多。

"这些金属可将它们表面的氧气分子分解成一个个更活泼的氧原子，这些氧原子可以在比火焰温度低的温度下与燃料结合。"

从气焊枪（它连着一个盛有天然气的小钢瓶）中喷出的未点燃的天然气和尾气净化器的蜂窝陶瓷元件接触时可以无焰燃烧，使陶瓷元件保持红热状态。

46

Pd

钯

熔点：1554.9℃。

沸点：2963℃。

发现：1803年，由英国化学家威廉·海德·沃勒斯顿发现。

名称由来：小行星"巴拉斯"，它是希腊神话中智慧女神的名字。

特性：室温时可以吸收到相当于其体积900倍的氢气。

用途：制造首饰、电子产品、燃料电池等。

由于生产三元催化器需要使用昂贵的金属材料，所以这对汽车制造商而言是很不幸的。福特汽车公司曾经为了获得持续供应的货源，在钯市场上做投机买卖而损失了10亿美元。但与城市充满尾气相比，这只能算是一个很小的代价。

如何 💡

使金属无焰燃烧

你需要：

☐ 催化式尾气净化器
☐ 气焊枪
☐ 钢锯
☐ 安全眼镜

1 从汽车配件商店或者废物堆积场找到一个催化式尾气净化器。

2 用钢锯将它从进气口和出气口的正中间锯成两半。净化器上有两个蜂窝陶瓷，一端一个，你应从它们之间的空隙处锯开。

3 当你把它们锯成两半并能看到蜂窝陶瓷时，仔细地沿着金属上的裂缝进行切割，直到能把它弯曲到蜂窝陶瓷元件突显出来为止。（两块蜂窝陶瓷使用略微不同的催化剂，但两者都有效。）

4 将蜂窝陶瓷放在一个阻燃的平面上，并在一端点燃气焊枪，直到陶瓷的一小块被完全烧得红热。

5 迅速关掉燃气，使火焰完全熄灭，然后立即重新开启燃气开关。此过程不要超过1秒。

6 用没有火焰的气焊枪对着陶瓷上的燃烧点吹气。这时你将看到气体吹到的那个点被烧得红热，虽然此时气焊枪并没有被点燃。

7 如果燃烧点熄灭了，则可点燃气焊枪再试一次。你必须在燃烧点烧到红热时使未点燃的气流通过它。

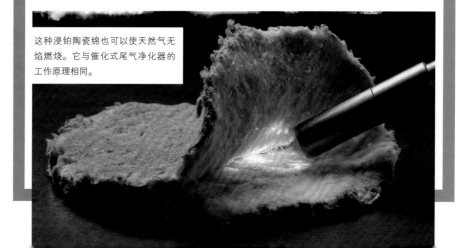

这种浸铂陶瓷绵也可以使天然气无焰燃烧。它与催化式尾气净化器的工作原理相同。

能爆炸的气泡

→ **给房屋供暖的可燃气体同样能够让你的房子爆炸。**

住在美国的中西部，用液化石油气来给房屋供暖很常见。我时不时会在当地报纸上看到关于某个无人居住的房屋发生爆炸的报道。发生事故后，人们常常会看到房顶塌落到了地下室，而墙壁被炸得分散在附近的田野里。

之所以会发生房顶塌落到地下室的现象，是因为液化石油气的主要成分是丙烷，它比空气重，会聚集在房间的底部，并与环境中的空气混合形成可燃的气体层。一旦这层气体的高度达到燃气炉引火火苗的高度，就会引发一场大规模的爆炸。（液化气公司在液化气中加入了气味很臭的乙硫醇，这样就可以使居住在屋中的人在液化气还没聚集到危险程度之前发觉它的泄漏。）

为什么在燃气炉里安静燃烧的气体一旦泄漏就会有爆炸的危险呢？没有氧气，液化气是不能燃烧的。你可以在一个充满液化气的气槽里点燃一根火柴，什么事也不会发生。

燃气炉通过将燃烧的液化气缓慢地与空气混合来控制燃烧的速度。但是当与空气混合的液化气的数量突然增加时，结果就会变得很不同。

为了证实这个观点，我在肥皂泡里充满氢气并将其点燃。（我之所以使用氢气是因为它能使气泡飘浮在空中，远距离将其点燃。这些气泡较为安全，而液化气泡则会向地面沉落。）当氢气与空气相遇时，纯氢气泡会安静地燃烧几秒钟。但在气泡里充满氢气与氧气时，原本轻微的响声会变成一声令人心惊的巨响。如果整个空间内都充满了混在一起的液化气与空气，那么整个空间的气体都会同时燃烧，也就是说气体爆炸了。

我曾将这个实验多次演示给那些不相信区区肥皂泡能蕴藏多少能量的人。我实际上从未炸毁过一扇窗户，但是我确实毁坏过一些袜子。

"如果整个空间内都充满了混在一起的液化气与空气，那么整个空间的气体都会同时燃烧，发生爆炸。"

C₃H₈ 丙烷

熔点：-187.6℃。

沸点：-42.1℃。

发现：1910 年，由美国科学家沃尔特·斯奈林发现。

来源：石油精炼。

用途：制造清洁燃料、丙醇等。

如何 制作能爆炸的氢气泡

你需要：
- ☐ 氢气钢瓶和氧气钢瓶
- ☐ 减压调节阀
- ☐ 回火和回流防止器
- ☐ Y 形混合连接器
- ☐ 盛有可吹出气泡的液体或肥皂水的玻璃皿
- ☐ 绑有蜡烛的长棒
- ☐ 听力保护器
- ☐ 安全眼镜

1 将一个Y形混合连接器与回火和回流防止器连接起来，在结合点后留 0.5 米左右的连接软管。

2 将软管的末端放进盛有可吹出气泡的肥皂水的玻璃皿中。

3 一次一根，分别彻底清洗两根软管，保持室内空气有效流通，以防氢气积聚。

4 将一根蜡烛绑在一根长棒上。

5 戴上安全眼镜与听力防护器（射击场的听力保护器最好）。

6 只打开氢气阀门，使其保持较低的流速并使气泡累积、脱开并飘浮。

7 用蜡烛靠近气泡并点燃它们。

8 缓慢地打开氧气阀门，最初只是轻轻一触。当气泡飘浮起来后，继续引燃它们。随着气泡的上升，逐渐增加氧气流，直到能产生雷鸣声。

9 点燃气泡时不要太靠近玻璃皿，以防回流或将玻璃皿打碎。

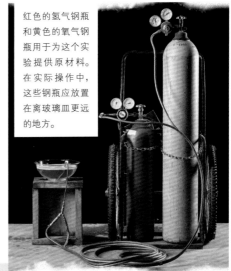

红色的氢气钢瓶和黄色的氧气钢瓶用于为这个实验提供原材料。在实际操作中，这些钢瓶应放置在离玻璃皿更远的地方。

 真实的危险警告 氢气和氧气在存储、运输和使用时都存在危险，应使用专用减压调节阀，千万不可混用。

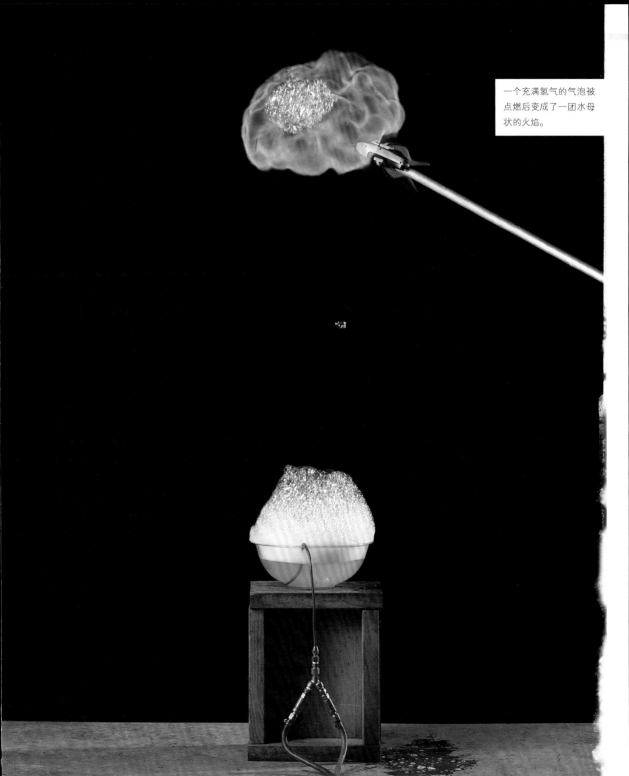

一个充满氢气的气泡被点燃后变成了一团水母状的火焰。

致命的 "小太阳"

➡ **从动物的尿液到燃烧弹，磷几乎无处不在，但它也几乎是人们最厌恶的元素。**

在 1669 年的汉堡，一位自命不凡的德国炼金术士亨尼格·布兰特在煮沸的尿液中偶然发现了白磷。他四处向当地的科学家和权贵们展示他手中的这些光亮的粉末，这件事一时变成了镇子上大家的谈资。然而接下来的残酷现实具讽刺意味：在布兰特发现磷的 274 年之后，这原本被寄予厚望能把铅变成金子的粉末并没有带来一丝一毫的黄金，与之相反的是，在第二次世界大战中，成千吨的白磷燃烧弹在汉堡市上空倾泻而下，瞬间将这座城市化作灰烬。直到今天，白磷依然作为制造武器的原料。

我已经用红磷成功地制作了一批厨房用的火柴。虽然红磷和白磷在组成成分上都是磷元素的单质，但是红磷就其本身而言是无害的，然而白磷恰恰相反，它在任何意义上都是极度危险的。白磷在氧气中会迅速自燃并剧烈燃烧，直到隔绝氧气。摄入 0.1 克白磷就足以致命，小剂量的白磷长期在体内积聚也会导致下颚脱落。这是一种严重的病症，医学术语叫 "磷毒性颌骨坏死"。

造成红磷和白磷性质如此不同的主要原因在于其内部的原子排列不同。蜡状的白磷是四面体结构，化学键绷得很紧，其中蕴藏的能量会随着键的断裂而释放，造成了白磷具有高反应活性，而红磷中的原子呈十分稳定的链状排列。因此，同样的元素体现出十分不同的性质。

> "白磷的化学键绷得很紧，其中蕴藏的能量会随着键的断裂而释放，而红磷中的原子呈十分稳定的链状排列。"

这个白磷"太阳"是在氧气环境中燃烧着的白磷。那些烟就是磷的氧化物，即五氧化二磷。

布兰特一直试图把铅变为金子，并且找到了另一种在黑暗中看上去闪闪发光的物质。他以为这是在正确的方向上前进的一大步，但是事实并非如此。他在煮尿上耗尽了两位妻子的财富后，在贫困中死去。（炼金术士对尿液如此着迷，是因为其金黄的颜色，以至于一直着力从中获得黄金。从铅中获取黄金并非不可能，但你需要的是一个核反应堆，而不是尿桶。）

然而，在早期的化学研究中，白磷的发现仍是一大里程碑。直至今日，白磷仍应用于生产生活的许多方面，包括磷酸（几乎所有可乐型饮料中均有这种成分）。它也被用来在教室中做漂亮的演示实验，以证明其极端的易燃性以及耀眼的黄光。希望这些特别明亮的黄光永远不要出现在自家居室周围。

1

如何 💡

组装白磷"小太阳"

你需要：

☐ 0.5 克白磷 ☐ 直径为 40 厘米的玻璃球
☐ 纯洁的氧气或者液氧 ☐ 通风橱
☐ 橡胶手套 ☐ 灭火器
☐ 安全眼镜

1 在充满氧气的球体中心放置大约0.5克白磷，然后用微热的棍子的一端轻轻接触它，使其燃烧。

2 被点燃的白磷所产生的浓烟迅速充满了整个玻璃球。这也体现出了白磷在军事上的一大用途：制造烟幕弹。

3 磷条剧烈燃烧约1分钟的时间。这样我们就得到了这个白磷"太阳"。

白磷在空气中燃烧，发出美丽的磷光。

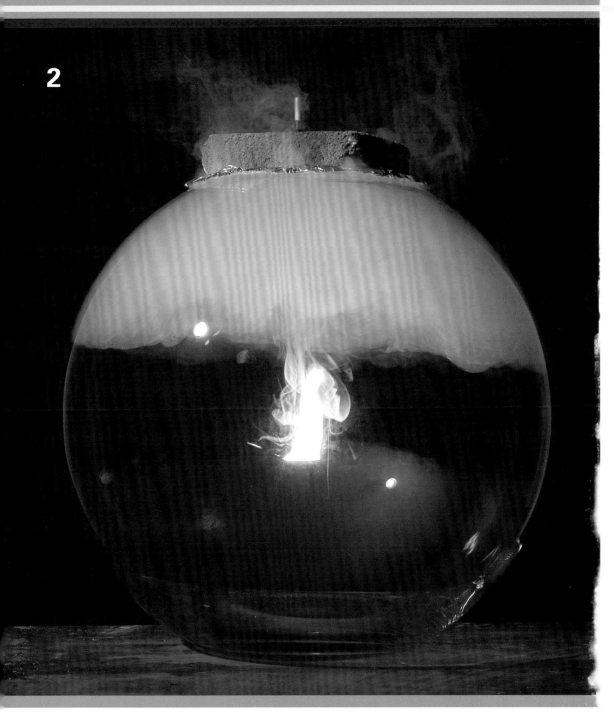

2

元素

15

P

磷

熔点：44.1℃。

沸点：277℃。

发现：1669 年，由德国炼金术士亨尼格·布兰特发现。

名称由来：希腊文 *phosphoros*，意思为"带来光亮、启明星"。

分布：磷矿以及所有生物的细胞中。

用处：制造燃烧弹、烟幕弹、化肥、磷酸等。

3

大约用了1分钟，磷全部燃烧完，只剩下烟雾。

真实的危险警告　　白磷的毒性极强，0.1克的白磷就可以致命。白磷在稍高于室温的条件下就能着火自燃。在许多国家和地区，私藏白磷是非法的。

第5章

重金属

火花中的真相

→ 如何揭开市场上的"钛"骗局？用砂轮磨一下就知道。

在20世纪初，元素镭曾受到热捧，以至于它变成了一个营销的专用语。夜光手表中就使用了放射性的镭，但幸运的是，镭牌的黄油中并不含镭。而在今天，钛则取代镭成为新宠。

从信用卡到铁撬杠，一切东西都被标榜含有钛。那么事实上究竟有多少东西真的如此呢？

碰巧的是，有一个简单的检测方法可以让你拨开炒作的迷雾。只要将任何真正含有金属钛的物体靠近砂轮，它就会发出一种如流星雨般灿烂的白色火花，这一点是和其他软金属截然不同的。这些火花是极小的燃烧着的金属钛碎片——砂轮的摩擦使钛的温度急剧升高，直到它们呈白热化而燃烧。

然而，当你握着一个磨具靠近一副从玛斯特锁具公司那儿弄来的"钛"手铐时，你会看到很美的、细长的黄色火花，但这些火花属于高碳钢。如果黄色火焰较短，那就证明手铐的边缘是由一种不锈钢材料做成的。具有讽刺意义的是，事实上钢是一种比钛更适合作为制作手铐的材料。钛牢固而轻盈，但是钢更难于被切割。（虽然玛斯特锁具公司告诉我"钛"手铐里面实际上是有一点钛的，但是我无法找到。）

> "这些火花是极小的燃烧着的金属钛碎片——砂轮的摩擦使钛的温度急剧升高，直到它们呈白热化而燃烧。"

在摩擦燃烧时，钛棒会产生比螺纹金属杆更高的温度，产生亮丽的白色火花，而普通的钢火花呈灰暗的黄色。

高尔夫球杆和网球拍是钛理想的用武之地，但是你不可能通过眼睛或触觉来判断究竟哪一个是真正用钛制造的。当然，凭借外包装上的标签更不可靠。我曾试着磨了两个牌子的拍子，其中一个不产生火花，它应该是铝制的，因为铝不能燃烧。

"钛"钻头和剪刀也不是用金属钛制作的，但是它们的表面通常会加一层非常坚硬且摩擦系数小的氮化钛涂层（具有特殊的金色光泽）。这个火花测试并不适用于外层的覆盖物，所以，为了分析某品牌的两把剪刀，我使用了伊利诺伊大学里的 X 射线荧光波谱仪。实验结果证明，它们的确是用真正的钛制成的。

"钛"是如此美妙的一个词，所以，你无法指责那些公司希望自己旗下的产品与钛挂钩的美好愿望。在每个产品之中都实实在在地使用钛，或许并不总是那么方便吧。

你可以从火花中看到这个起钉器的确是用钛制造的。

1. 铸铁：在砂轮上磨时，铸铁会产生类似焰火的漂亮火花。

2. 高碳钢：长长的黄色火花告诉你这把"钛"制的锁实际上是用钢制造的，但它比钛制的更加结实。

3. 铝：没有一点火花产生，说明这家高尔夫俱乐部标注的"6061 钛"产品不是钛制的。

4. 高碳钢：和前面的锁一样，这个螺纹金属杆产生了大量美丽的火花。

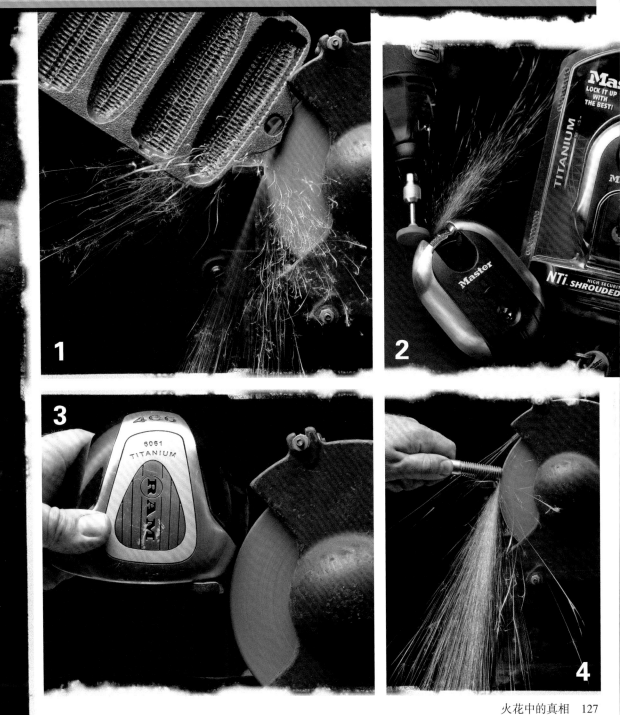

火花中的真相　127

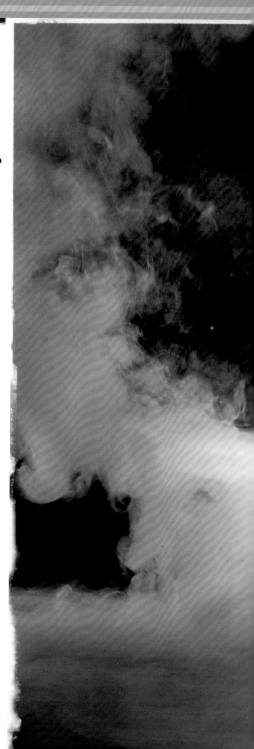

就让它继续烧吧

→ 用二氧化碳吹阴燃着的镁，你会看到一个意想不到的反应，这可以清楚地告诉你为什么有些火不能扑灭，而只能让它自生自灭。

如果你在新闻中看到了一则关于某工程中发生金属火灾的消息，你可能会对消防队员扑灭它的方法感到奇怪：什么也不做。事实上，有那么几种金属（包括锂、钠、镁）是很容易燃烧的，并且时不时地就会在工厂里成堆地起火。但是即便有大量的这类金属着火，你也不要立刻感到恐慌，因为它们不会爆炸。相反，它们会因燃烧逐渐积累起大量的灰尘，从而阻断氧气的供应，而后慢慢熄灭。

但是，假如你尝试做一些什么来扑灭这场火灾，那么很有可能把事情弄得更糟。举个例子，镁

"用一个二氧化碳灭火器去吹慢慢燃烧着的镁条，镁条就会在瞬间燃烧得更加迅速而剧烈。"

放置在 −78℃干冰南瓜灯中的镁
会比在空气中燃烧得更剧烈，产
生完美的爆炸效果。

在二氧化碳中会比在空气中燃烧得更为剧烈。用一个二氧化碳灭火器去吹正在慢慢燃烧着的镁条，镁条就会在瞬间燃烧得更为迅速而剧烈。（我们在拍摄第132页上的照片时，已经事先将摄影机对准了它。当我们把灭火器对准那一堆燃烧着的碎屑吹时，带火焰的镁被吹得到处都是。）

事实上，镁与二氧化碳发生反应的效果非常好，它会在 $-78℃$ 的干冰中燃烧。第129页照片中的那个南瓜灯是这样制作出来的：将一把镁条塞入中空的干冰雕塑内部并点燃。镁条在冰雕内部剧烈燃烧，刺眼的光线则从孔中透出。这些镁在里面剧烈燃烧了大约1分钟。

水和泡沫在金属火灾中所起到的作用甚至更糟糕。如果金属熔化了，那么它产生的蒸气往往会让它无处不在。更重要的是，一些热金属可以把水分解成氧气和氢气，从而极有可能引发一场氢气爆炸。

即使用干沙或盐来灭火（它们是用于扑灭金属火灾的标准材料），也有可能产生严重的破坏作用。1993年，一个位于美国马萨诸塞州的工厂发生了一起钠火灾。面对这场火灾，当地的消防部门试图用那些专门储备以用来对付此种火灾的盐去扑灭它。然而不幸的是，那些盐已经受潮了，最终导致很多消防队员都在因此而引发的氢气爆炸中被严重灼伤。

所以，当再次发生钠火灾时，消防队员只需做一件简单的事情：走开。因为金属火灾的温度实在太高了，以至于我们无能为力。

如何 💡
制作一个燃烧的冰雕

你需要：
☐ 几十克镁条
☐ 5千克干冰
☐ 火柴
☐ 厚手套
☐ 焊工护目镜

1 获取一些镁条。我是在车床上自制的，因为我有很多镁棒，这样比买现成的带状的镁更容易，也更便宜。但不管你怎么做，千万不要用烟花中使用的镁粉或镁片来取代，那是一个非常糟糕的主意，因为它们的反应太剧烈了。

2 市售的干冰一般是25厘米见方的块状。如果你觉得它太厚了，则可用锯子将其锯开。如果在大城市中生活，你就能从专营店和大的杂货店买到干冰。

3 用凿、钻、螺丝刀之类的工具在干冰上刻上凹槽（也可以先加上笑脸）。小心，一定要戴好厚手套，因为干冰会在几秒内冻伤你。

4 将团起来的镁条放入凹槽中，并留一根伸向外面作为导火索。

5 在上面再放一块干冰，盖住镁带。（为了拍摄这张照片，我们将两块干冰立着相邻摆放，但是水平放置应该更容易一些，效果同样不错。）

6 用火柴或丙烷气焊枪把露在外面的镁带点燃，它会明亮地燃烧起来。透过干冰块观看是安全的，但是通过任何缝隙直接观看会损伤你的眼睛。

3

作者在干冰上刻槽，以制作干冰南瓜灯。

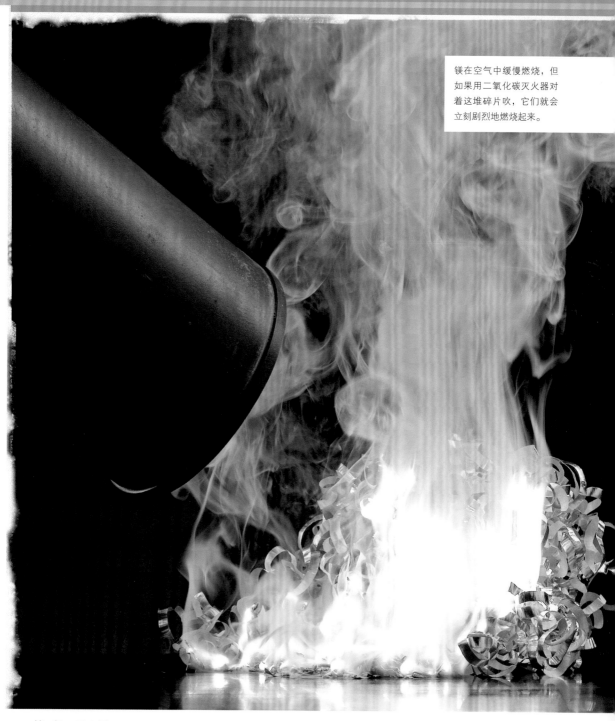

镁在空气中缓慢燃烧，但如果用二氧化碳灭火器对着这堆碎片吹，它们就会立刻剧烈地燃烧起来。

自制碳化钨刀具

 制作一把碳化钨刀具，它几乎可以切割任何东西。

最近一位来访者告诉我，他记得小时候曾在地下室里看见他爸爸在石墨模具中混合一些黑色粉末，并用乙炔气焊枪来加热。他相信他爸爸在尝试制造碳化钨刀具。我从来没有听说过有人那样做。这个故事让我花费了几个星期的时间来证明这样做是不是可行。

碳化钨常常用来制作高强度的锯片和钻头。除金刚石以外，它比任何物体都要坚硬。作为基质的金属钴把超高硬度的碳化钨小颗粒凝聚在一起，类似于用胶水把砂粒粘在砂纸上。在工厂中，这些工具都是在惰性气体的保护下烧结而成的，你无法在你自己的地下室中轻易完成。

一个做钨生意的朋友把我介绍给了一个在一家碳化钨生产厂工作的冶金学家，那个人告诉我说："绝对不行，这是不可能的，你忘了它吧。"但此后，我复述了我朋友所说的每一个细节，这位专家才认为这是有可能的。

"作为基质的金属钴把超高硬度的碳化钨小颗粒凝聚在一起，类似于用胶水把砂粒粘在砂纸上。你能在自己的地下室中完成这些工作吗？"

熔点：3422℃。

沸点：5555℃。

名称由来：德文 *Wolfram*，原意为"锡狼"。

发现：1783 年，由西班牙化学家鲁亚尔兄弟发现。

主要用途：制作灯丝、压舱物等。

我很快在 ebay 上找到了所需材料，准备自己试一把。我把钴和碳化钨粉末按照 1：9 的比例轻轻地压入制作好的石墨模具中（这是唯一能禁得住 3300℃高温的物质），然后用乙炔气焊枪烧了几分钟。我是在尝试那位来访者的父亲很久以前在地下室中做的事。

然而意外的是，它竟然成功了！就这样，你可以制造出实实在在而又有点粗糙的碳化钨块了。我把它放在金刚石砂轮上慢慢地打磨，并把它用铜焊接在不锈钢的手柄上，然后在车床上用它来切割漂亮的铝圈。

很少有什么会比你在 10 分钟内完成了一件你原以为不可能完成的事更令人满意了。

如何 制造碳化钨车刀

你需要：

- ☐ 碳化钨粉末
- ☐ 高质量的钴粉
- ☐ 石墨
- ☐ 乙炔气焊枪
- ☐ 焊工护目镜

1 把钴和碳化钨粉末按 1：9 的比例放入塑胶袋里混合均匀。

2 按照你想要的刀具的大致形状做一个石墨模具。

3 把混合好的粉末压入模具。

4 使用乙炔火焰最热的部分，从各个角度均衡地加热模具数分钟。

5 等模具中的烧结块冷却后，用金刚石砂轮进行打磨、修理。

6 焊接上手柄。

7 如果你想加工点什么的话，还是扔掉这些自制车刀，买一个现成的吧。这些自制的车刀在机器高速运转时断裂和飞出去的风险很大。

上图为碳化钨粉、钴粉、烧结块、石墨模具和成品车刀（一个是自制的，另一个是购买的）。下图所示的是在一个小车床上用自制的车刀切削铝材。

用 3300℃的乙炔焰加热碳化钨粉和钴粉的混合物。因为光线很刺眼，所以只能通过焊工护目镜看。

五彩缤纷的钛

用一节电池和一罐汽水，你就可以通过对钛表面的阳极化处理，制造出可以永存的色彩。

由美国建筑大师弗兰克·盖里设计的古根海姆博物馆是世界上用钛材料建造的最大建筑，它位于西班牙的毕尔堡，累计使用了面积为 3 万多平方米、厚约 1.5 毫米的纯钛。这是一个建筑奇观，当然我明白其中也包含一些艺术或者其他什么东西。为了了解利用钛薄膜的知识，我决定建造一个属于我自己的现代建筑奇迹：伊利诺伊州中东部古根海姆鸟巢。

钛通过其强度、耐久性以及绚丽多彩的氧化层证明了昂贵是物有所值的。仅仅几个光波波长那么厚的透明氧化物涂层就可以使物体表面上产生颜色。实际上，这些颜色的产生是由涂层表面反射的光和下面金属表面反射的光互相干涉的结果。

铁可以自发地形成氧化层，我们称之为铁锈，但是它是不透明的。铝能形成一种透明氧化层，但它太厚了，以至于无法形成色彩。钛的化学性质过于稳定，以至于无法自发地形成氧化层，这也是它被认为是最好的

金属建筑材料的原因之一。但是即便如此，你依然可以用一节 9 伏电池、一张纸巾和一份磷酸溶液（我比较喜欢用百事可乐，但事实上任何可乐都可以）来人为地使它形成氧化层。

这个想法就是让电流通过苏打水进入金属表面。首先把一节 9 伏电池连接在一块钛皮上，然后把钛皮浸入一罐可乐中，让可乐浸没它的整个表面。也可以将一个垫子或一把刷子浸泡在你选择的苏打水中，然后用夹子将其夹在电池上进行"描绘"，形成某种图案。把图案模板、纸巾、锡箔按顺序逐层放好，这样锡箔就可以通过图案模板分配电流形成印花。

随着电流流过金属，一层绝缘的氧化层就形成了。当氧化层达到一定厚度时，就会阻断所施加的电压而自动停下来。这样形成的氧化层的厚度就会十分均匀，误差仅为光波波长的几分之一。用更高的电压会产生更厚的涂层，因此会产生不同的颜色。一节 9

使用薄钛板建造的古根海姆博物馆，位于西班牙的毕尔堡。

> "钛表面的透明氧化层会产生颜色，而且这些颜色会因氧化层的厚度不同而发生变化，其原理是光波的干涉使氧化层产生了颜色。"

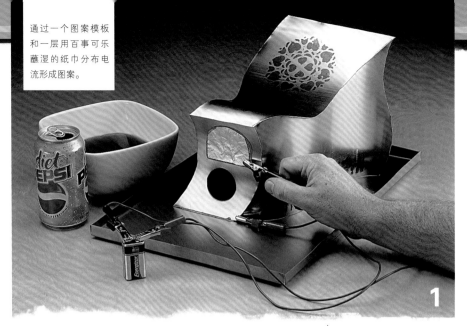

通过一个图案模板和一层用百事可乐蘸湿的纸巾分布电流形成图案。

伏电池可以产生淡黄色，2节就会得到蓝色，3节则是深蓝色。当你增加更多的电池时，颜色的变化开始循环：厚度为3.5倍波长的涂层的颜色和厚度为2.5倍波长的涂层的颜色是相同的，依此类推。（只是要小心，因为当足够多的电池组合在一起的时候，如果你触碰到了湿纸巾，就很有可能受到令你痛苦甚至致命的电击。）

这些颜色绝对都是永久性的，它不怕阳光、酸雨、鸟粪，以及任何你能说得出来的腐蚀物。我怀疑古根海姆博物馆周围的卫兵有没有要专门留意那些携带电池和提神饮料的人的工作条例。在这个尺度的钛建筑上进行电涂鸦是需要非常大胆的思路的。

如何 💡
为钛着色

你需要：

☐ 钛皮　　　　　☐ 几节9伏电池
☐ 百事可乐　　　☐ 锡纸
☐ 导线和鳄鱼夹

1 为了给实心区域着色，应在底部放置一张锡纸，边上放一碗百事可乐，然后把锡纸和9伏电池的负极相连，钛皮和正极相接，然后将其浸在可乐碗中。

2 若要形成一定的图案，可将用可乐浸泡过的纸巾放在模板上，再把锡纸放在上边。

3 只要1秒钟就可以形成颜色。所以，你可以用纸巾包裹锡纸球，蘸着百事可乐随意地绘画。

神奇的铝热剂

> **点燃一些铝热剂，你能使铁变得如此白热，可以用这种方法焊接铁轨。**

在我还在读高中那会儿，我的社会学老师曾讲到一种物质，它在燃烧时能释放大量的热量，以至于只需要将一小袋这种物质放在汽车的发动机罩上点燃，就足以将这部汽车的发动机都烧穿。够酷吧？

一个越战老兵曾经说，在战争中，他们会在自己被俘之前点燃用这种材料制成的毯子，销毁那些需要保密的精密装备，使它们化成一摊铁水。（而在旧的吉普车发动机上打洞，只不过是小把戏而已。）

这种物质就叫作铝热剂，一种我曾以为非常复杂、由军队开发的奇异爆炸物质。然而事实证明，它的确非常奇异，但这并不是由于它的复杂性，而恰恰是因为它的组成极为简单。铝热剂的燃烧不是爆炸性的，它的主要用途是在铁路建设方面，并不是用来熔化敌人的汽车发动机。

在铝热反应中，氧化铁中的氧原子被铝夺去而转化成了金属铁。在这个过程，由于原来的氧化铁中铁与氧的结合十分牢固，要把它们分离开来是相当不易的，所以，需要大量的能量。那么，这些相当于可以将纯铁加热到温度接近它的熔点2倍的能量是从何而来的呢？答案是从一种比铁更能束缚氧原子的化学物质中来。而当这种

"铝热剂在燃烧时犹如一个超级火爆的烟花筒，在短短的几秒钟时间内便可以耗尽0.5千克的粉末，将周围所有可触及的东西燃烧殆尽。"

用一个粗略加工的模具、铁矿砂和铝粉在一个钢制的螺栓上浇铸的T形把手。

化学物质得到原子时，它会释放出巨大的能量。那么，这种具有高度化学反应活性的物质（也是最强大的还原剂之一）究竟是什么呢？是铝。

铝热剂只是一种由氧化铁和铝粉组成的简单混合物，我时常会大量购买。我曾经用0.5千克左右的铝热剂在一个5厘米长的螺栓末端制造出一个T形把手。我将铝热剂在石墨坩埚中点燃，随后产生的0.25千克铁水则从坩埚底部的一个小洞中流出，落入我捏在螺栓周围的一个简单的黏土模具里。那个时候金属已经很淡了，它与螺栓的底部融合在一起，然后就会形成一个单一而连续的整体。

这种反应并不是爆炸，但是如果只用"强烈"来形容它，那么未免显得有些轻描淡写了。铝热剂在燃烧时会像一个超级火爆的烟花筒那样，在短短的几秒钟时间内便可以耗尽0.5千克的粉末。与此同时，它甚至可以燃烧掉周围一切可触及的东西，包括我在内，因为它的温度实在太高了。所以，我在点燃它的时候都会选择一个宽阔的室外环境，然后退后大概20米来观赏它。

而令人难以置信的是，即使到了今天，铺设高速铁路的铁轨所用的无缝焊接技术还是使用同样的原理和材料，甚至点燃铝热剂所用的点火器也相同。将一个含有大约5千克铝热剂的陶瓷漏斗放在两段铁轨的交接处上方点燃，铝热剂就可将两段铁轨熔合为毫无缝隙的一个整体。几乎没有什么别的更为简便的方法可以产生那么多热量了。

如何 💡

从铁矿砂中炼出钢

你需要：

☐ 100 克铁矿砂或 90 克红色铁锈
☐ 32 克铝粉
☐ 底部有孔的石墨或黏土坩埚
☐ 香线类烟花或镁条
☐ 耐高温手套
☐ 灭火器　　☐ 安全眼镜

1 在塑料袋中疏松铝热剂粉末，充分搅拌。

2 用一团厚厚的铝箔（只能用铝箔）塞住坩埚底部的孔。如果塞子太单薄，那么它会在铁水和残渣彻底分离前就被熔化掉。

3 将坩埚放置在模具或干燥的矿砂之上。千万不要让铝热剂接触水，

（下接第 143 页）

铝制的定时塞子全部熔
化后，铁水从石墨坩埚
底部的小孔流出。

铝热剂

发　明：1893 年，由德国化学家汉斯·戈尔德施密特发明。

反应温度：约3000℃。

用途：焊接铁轨，制造燃烧弹，迅速破坏军事设施。

将铁水灌入石墨模具并冷却，一个粗糙的螺柱就做出来了。虽然纹路很粗，但依然可用。

如何 💡

从铁矿沙中炼出钢

即使模具上只有少量的水分，也可能导致蒸汽爆炸。

4 用香线烟花或镁条点燃混合物，然后退远一些。如果你用的是一根香线烟花，则别让它的火花溅到粉末表面。如果点不着，很有可能是因为铝粉太粗了。另加少量更细的粉末，可以帮助点火。注意：铝粉极细的铝热剂燃烧得更快，接近爆炸。

💀 真实的危险警告

铝热反应极其剧烈，产生的铁水极其灼热，以至于它的热量连发动机都能熔化。铁燃烧产生的火球通常会飞出去，可将半径在 5 米范围内的任何易燃品点燃。铝热反应失控是我少数几次险些将自己的实验室烧着的经历之一。

铁水和矿渣在坩埚底部聚集，保持数分钟灼热状态。

"两个磁场的斥力可以压碎金属，瞬间使 25 美分硬币缩成 1 角硬币大小。"

硬币缩身术

→ **用铜线、磁场和足够供一个小镇使用的电力，让那些硬币缩身。**

记得还是一个年轻的小伙子时，我曾开车路过一个兄弟的家，我当时对自己为什么可以迅速地判断出屋内传出的鼓声是有人正在击鼓而不是发自立体声音响而感到很惊讶。后来我知道了，原来现场版的击鼓声比任何一种电子复制品的音效都更具冲击力。对我们的耳朵来讲，这种区分是很明显的。但是，我们难道就不能用磁场去驱动话筒，就像你用一根鼓槌去重重地击鼓一样吗？

事实证明这是可以的，只不过当时的兄弟们都还没有掌握这种技术罢了。从另一方面来说，工程师们一般会选择一条不打扰到邻居的路来走，他们会致力于用磁场去猛烈地作用于某种事物吗？例如，我的朋友伯特·希克曼是一个住在芝加哥城外的退休电子工程师，他喜欢用磁力将硬币变成它们原来尺寸的大致一半大小。（当然，在这之后他会将它们统统通过 eBay 出售。）

用 5000 焦电能可将硬币缩小到其原来尺寸的一半大小，而不损伤其表面的图案。

伯特的高压设备几乎占据了他的门廊中的所有空间。他的妻子在门口画了一条线，那是一条介于干净整洁的郊区住房和混乱不堪的郊区实验室之间的鲜明分界线。伯特开始了他的硬币缩身过程。他用铜导线将25美分的硬币包裹住，将导线的接头接到铜质汇流条上，再经过一个触发式火花隙接到一个270千克的12000伏电容器组上。用一个防爆罩封住硬币和线圈，用一个高压电源为电容器充电。而火花隙间稍微分离的两枚硬币要承受存储在电容器之中的数千焦能量的冲击。

按下开关，触发式火花隙放电，它在25微秒内将全部电荷通过线圈释放。这就产生了一个强大的磁场，使硬币中产生感应电流，随后在硬币内部产生磁场，该磁场反过来与硬币外部的磁场相互作用。这两个磁场间的斥力会挤压硬币，立刻将一枚25分硬币压缩成了1角硬币大小。在极短的时间内释放出巨大的能量，通常需要通过一次爆炸来完成。在这个案例中，铜导线在一阵辉煌的闪光和相当令人满意的爆炸中被炸裂成碎段。当然，爆炸声比任何鼓声都尖锐，它证明你的确可以像鼓槌一样用磁力来重重地击打某样东西。

伯特兴高采烈地接收一张张订单。用"复合"式硬币（例如25美分硬币）来做效果最好，它们像三明治一样在两层铜镍合金之间夹着一个导电铜芯。但是绝大多数流通的货币都可用来玩这种把戏，只是别错误地给他寄去1937年发行的、上面铸有3条腿野牛的5分镍币，它可值几千美元呢。

每枚硬币都需要一个新的线圈，线圈会在硬币缩身的爆炸声中毁掉。

如何 💡

让硬币缩身到原来一半的尺寸

你需要：

☐ 12000 伏电容器组　　　　☐ 触发式火花隙
☐ 防爆罩　　　　　　　　　☐ 线圈
☐ 安全眼镜

1 绕一个直径大约为2.5厘米的铜线圈，并将其接在防爆罩内的汇流条上。

2 根据硬币的大小，将电容器组充电到12000伏。

3 用一个触发式火花隙通过线圈放电。

防爆罩内有一个重达270千克的电容器，它为这个实验提供电力。

元素

28

Ni

镍

熔点：1455℃。

沸点：2913℃。

发现：1751 年，由瑞典化学家克朗斯塔特发现。

名称由来：德文 *kupfernickel*，意思是"假铜"，这本是中世纪矿工们找不到铜时的骂人话。

用途：制造硬币、绿色玻璃、电镀材料等。

真实的危险警告 用于硬币缩身的高压电容器是所有电子设备中最危险的。轻轻一碰，你就会立刻彻底玩完。

硬币缩身术 147

有趣的 1美分硬币

> **用那些不值钱的1美分硬币做个有趣的实验。**

看着一罐了硬币，你想寻找一些比直接兑换它们更有意思的事情做吗？

在 1982 年之前的大多数年份里，美国的 1 美分硬币含 95% 的铜。随后，铜的价格上升了，价格一直涨到你可以将从银行兑换的总值为 100 美元的 1 美分硬币熔化成铜后卖出高于 100 美元的价钱。因此，政府便开始发行一种以廉价的锌为内核的 1 美分硬币，只是在它的表面薄薄地镀了一层铜。

1 美分硬币是用两种不同的金属制作而成的，这一事实提供了将这两种金属分离开来的可能性。而我是从一个高中生、我的亲戚尼尔斯那里学会如何做到这一点的。

氢氯酸（HCl），我们一般称之为盐酸，常被用来当作混凝土的清洁剂出售。但是它一样可以溶解 1 美分硬币中的锌，只留下极薄的、印有原始图案的铜箔。这种方法行得通的原因在于锌的化学性质比铜要活泼许多，在遇到盐酸时它会被迅速氧化，转变成锌离子溶解在溶液中。

你可以很容易地得到一个 1 美分硬币的铜外壳，但要获得一个仅含锌的 1 美分硬币，就需要专业化学家和很多氰化物来帮忙了。

> "金属锌可以被迅速地氧化并溶解到盐酸溶液之中。"

那么，怎样把外层的铜除去而只留下一个闪亮的1美分纯锌硬币呢？你不可能用任何一种酸做成这件事，因为任何可以溶解铜的酸都会以更快的速度先把锌"吃掉"。我甚至不确定这种想法是不是有可能实现，但是我的朋友、一位来自冰岛的化学家特里格维用氰化物和过硫酸盐做到了。后来，我了解到，其实只需要将硬币在过硫酸钙溶液中浸泡几小时，就可以把上面的铜安全地除去了。而这种过硫酸钙在任何一个园艺商店中都可以买到，在那里它的名字叫"石硫合剂"。

总而言之，这两种方法让我突然产生了一个观点：它证明对于被美国铸币局弄到一起的东西，一个冰岛化学家和一个美国少年就可以将它们再分开。

元素

30

Zn

锌

熔点：419.53℃。

沸点：907℃。

发现时间：早于公元前400年。

名称由来：拉丁文 *zincum*，意思是"白色薄层"或"白色沉淀物"。

用途：镀锌以及制造硬币芯和电池负极等。

如何 💡

得到1美分硬币外壳

你需要：

☐ 浓盐酸　　　　　☐ 玻璃容器
☐ 筛子　　　　　　☐ 1美分硬币
☐ 橡胶手套　　　　☐ 安全眼镜

1 拿两枚1982年后铸造的1美分硬币，从边缘磨去铜，你会看到里面的白色金属。

2 将1美分硬币投入一小杯浓盐酸中，不要将盐酸稀释。在实验过程中要一直佩戴安全眼镜，因为盐酸会产生热量，剧烈冒泡，甚至喷溅出来。

3 待液体不再冒泡后，将杯子拿到水池边，在不引起到处喷溅的情况下尽量开大水龙头，缓慢地将盐酸倒入流动的水中（你也许想将其倒入筛子中以便捞出1美分硬币的外壳）。永远都应该按这样的顺序来做：将盐酸倒入水中，而不是把水倒入盐酸中，否则盐酸会产生大量热量，爆炸似的沸腾，溅射到你的脸上。

4 关小水龙头，用细水流冲洗1美分硬币外壳几分钟，以便彻底去除盐酸。

5 如果铜壳的背面有黑色残留物，可到首饰店用那里的超声波清洁器来清洗。

3

4

铸造金属铸件

最适合的金属不一定是最理想的金属。

伟大的玉米育种专家约翰·劳克南曾经说过，伊利诺伊州尚佩恩地区的土壤和气候是世界上最适合种植玉米的，但事实上，它们也并不是理想的。也就是说，如果有那么一个机会，他就可以设计出一种更适宜种植玉米的土壤以及气候环境。

同样的道理，铁是建筑桥梁最好的材料，因为它不仅相当坚固，而且非常便宜，也很容易进行焊接和加工，但它同样不是最理想的——容易生锈。铁在空气中的不稳定性是化学反应中最令人讨厌的问题之一。所以，如果给我一个设计世界的机会，我就会让铝变得和铁一样便宜且易于焊接。

我十几岁的时候曾试图找到一种适合用失蜡法铸造的金属。那个时候，我对所有试过的金属都抱有这么一种想法：我想要一种很容易熔化的金属，它可以流动且能进入到模具的每一个细微的角落；这种金属熔融时不会被氧化；最重要的一点就是，它必须能够从废金属回收站那里便宜地得到。这最后的一点要求不包括锡，对孩子而言，它是最好的铸造金属（例如浇铸锡兵）。

铅和锡很像，也同样可以从废弃物（如汽车电池）中提取出来，但是它有着令人恐惧的毒性（这使得我每次在使用它时都很担

心）。而铝被排除在外的原因则是它无法很好地填充模具的精细之处。我现在已经意识到了，我当时应该使用旧的活塞而不是旧的铝合金窗户作为原材料。因为活塞是铸造而成的，因此它应该是一种便于处理的合金。

最后，我选择了锌。我可以勉强在厨房的炉灶上熔化它（419℃），而且老旧防水顶棚上的锌非常便宜。这些都是我在妈妈不在家时曾做过的事，因为这样她就不会看到我正用一个丙烷焊枪帮助锌熔化。

我用石膏模具和旧蜡烛做了很多小铸件。在用蜡模制作好石膏模具以后，我将蜡烤化，在吐司炉上烘干模具。（如果要制造大一点的模具，则需要利用厨房的烤箱以及更多妈妈外出的时间，因为这将是一个浓烟滚滚的过程。）

我没有操作指南，只能粗糙地制作蜂蜡模型，这几乎就是 6000 年前人类首次进行铸模时所采用的方式。聪明的美索不达米亚人曾设法使用炭火和黏土来制作模具，但就本质而言，他们所做的其实和我做的是一样的，即尽可能地利用身边可以利用的最佳材料。站在我的地下实验室里，看着满满一壶熔融的锌，我感觉自己比以往任何时候（无论是从书上还是在博物馆中）都更接近他们。

"我没有操作指南，只能粗糙地制作蜂蜡模型，这几乎就是 6000 年前人类首次进行铸模时所采用的方式。"

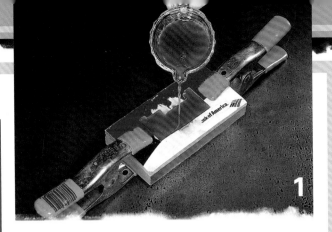

如何 💡

用失蜡法铸造金属铸件

你需要:

□ 废弃的锌
□ 石膏
□ 不锈钢盘子
□ 炉子或管道工用的焊枪
□ 蜂蜡或石蜡
□ 石棉手套
□ 灭火器
□ 安全眼镜

1 将熔化的蜂蜡注入一个塑料模具内（我做了一个小的元素周期表）。

2 把石膏浆倒在蜡模周围形成模具。

3 将模具底部朝上放在炉子上熔化蜂蜡，同时在另一个电炉上将锌熔化。

4 将熔化的锌注入中空的模具中。

5 待锌冷却后，敲碎模具，取出铸件。

用失蜡法制作模具的各个阶段。

在电炉上熔化制造防水顶棚所用的锌片。

铸造金属铸件 155

神奇的铝锈

 用一小包"毒药"就可以把一块铝化成尘土。

除非你是一个有携带晴雨表许可证的国家气象局代表（这种可能性几乎为零），否则携带汞上飞机是被严格禁止的。为什么？因为如果不小心将汞弄洒了，那么它可以让飞机在有机会着陆之前被锈蚀成碎片。你知道，飞机主要是用铝制造的，而铝又是很不稳定的。

等等，不是说铝有一个伟大的优点，就是它不像铁那样容易生锈吗？你现在是在和我谈论同一种铝吗？当然！你所用的铝壶是由一种高活性的化学物质制造的，只是它有一种本事，能把自己伪装成一种耐腐蚀的金属。

当铁生锈时，它的表面会形成一种氧化物，那是一种微红的粉末状物质，它会迅速脱落，暴露出其内部新的、还未被腐蚀的金属，而后者也会立即开始生锈。此过程不断进行下去，直至这件铁器完全被锈蚀成铁锈。

但当铝生锈时，它的表面会形成一层氧化铝，这是一种和铝完全不同的物质。在晶体状态下，氧化铝被称为刚玉、蓝宝石或红宝石（这取决于颜色），它属于目前已知的所有物质中最坚硬的一种。如果你想设计一个性能优良的防划伤金属表面涂层，那么除金刚石以外，几乎没有什么比氧化铝更合适了。

通过生锈，铝可以在表面渐渐形成一种透明的保护层，以此来隔绝空气和其他化学物质，保护其内部免受锈蚀。一旦形成了致密的保护层，锈蚀也就立刻停止了。（铝的阳极化，就是用酸和电流来处理铝材，使它长出一层厚厚的防锈表层，因为氧化铝表层越厚，其抗剐蹭的能力就越强。）

氧化铝形成的速度是如此之快，使得铝甚至在熔融状态下都似乎成了一种惰性金属。但是，这种幻象可以被铝的克星汞轻易破坏掉。

"通过生锈，铝可以在表面渐渐形成一种透明的保护层，以此来隔绝空气和其他化学物质，保护其内部免受锈蚀。"

只需很少量的汞就可以让这根铝制的工字梁锈蚀成一堆尘土。

元素

13

Al

铝

熔点：660℃。

沸点：2327℃。

发现：1825年，由丹麦化学家和矿物学家厄斯泰德发现。

用途：制造飞机、水壶、铝膜、烟火。

大敌：汞。

只要将汞涂敷到铝的表面，它就会渗透到金属铝的内部并破坏其保护层，通过阻止其表层氧化物的形成，使其能够不断地"生锈"。在短短几小时之内，你在前一页上看到的铝制工字梁就被锈蚀掉了一半，而铁制工字梁可能需要很多年才能被腐蚀到那种程度。

据说在第二次世界大战期间，盟军的突击队员曾深入到德国境内将汞涂抹到了德军的飞机上面，其目的就是让德军的飞机在神不知鬼不觉的情况下神秘解体。无论这个故事是否真实，用这种方法搞破坏的确是可以奏效的。几微米厚的氧化铝是使飞机各个部分结合在一起的唯一依靠。下次乘飞机的时候你不妨想想这一点，也许不要去想更好。

这是一个正在等待"被破坏"的铝制工字梁。因为锈蚀后留下的粉末中含有汞，所以必须将其全部收集起来并进行适当处理。

如何 💡

把铝变成粉末

你需要：

☐ 铝制样品　　　　☐ 汞
☐ 镓　　　　　　　☐ 玻璃碟
☐ 通风橱　　　　　☐ 橡胶手套

1 如果没有必要的协助，只是将汞直接放到铝的上面，那么它们是不会起反应的。要想让薄铝膜和汞发生反应，可以用小刀划破铝的表面。

2 如果将少量的熔融状态的镓渗入到铝表面，则会使得铝更容易受到汞的攻击。镓在略高于室温的温度下就能熔化，所以只需一个吹风机即可。

3 反应进程很慢，几分钟后才可见到明显的损伤。随着汞被剥落的粉末带走，几小时后反应会停止。

 真实的危险警告　　汞是有毒物质，会挥发出有毒的臭味。被汞污染过的地方清洁起来成本极高。

切割出一件金属艺术品

 炙热的等离子电弧可以切割任何东西。

根据 30 年以前的科幻小说，如今我应该有一台只需要按下某个按钮就可以为我提供一顿美味晚餐的机器。嘿，我已经感觉饿了！失望之余，令我感到惊讶的是，竟然有如此多的类似于这样的预测已经成真了，尽管我们并没有意识到，因为它们一旦存在了，看起来就会显得那么普通。无所不知的机器大脑？想想谷歌吧。

科幻潜伏在我们中间的另一个好的例子是：在任何一个小型焊接车间内，在覆盖着脏兮兮的蓝图的台子和一个穿着皮夹克的大个子旁边，你会看到一个小盒子，它已经因为连续不断的使用而变得肮脏。这是等离子切割机，它仅需使用电力和空气就可以切割钢铁。如果你正在制作一个《星球大战》中的太空舱，那么你肯定要用到这样一台等离子切割机。

这种切割机的关键是将精密的电子耦合金属铪插入电极的一端。铪有两个主要的工业用途：制造核反应堆的控制棒（因为它具有一个能很好地吸收核反应所产生的热中子的截面）和等离子切割机（因为它很容易将电子释放到空气中）。如果你看到你们当地核电站的负责人在疯狂地购买等离子切割机电极，那么你就该担心了。

当你按下切割机的触发器时，其电子控制线路就会点燃一块镶嵌在电极顶端的铪，并在其尖端产生一个等离子球。这个等离子球随后被压缩空气从尖端吹入钢铁之中，将钢铁熔化掉。

"当等离子切割机工作时，镶嵌在其电极顶端的一块铪会激发出电弧，产生温度极高的等离子球将金属熔化掉。"

72

Hf
铪

性质：具有延展性的银灰色金属，表面光滑，耐腐蚀性强。

熔点：2233℃。

沸点：4603℃。

发现：1923年，由丹麦科学家科斯特和匈牙利科学家冯·赫维西在研究X射线光谱时发现。

用途：制造核反应控制棒、等离子切割机、白炽灯、合金等。

使用等离子切割机简直是一种享受，你不再需要危险的乙炔气，没有了沉重的氧气瓶，也没有其他的任何附件。你只需插上电源，然后就可以快速、平稳、优雅地工作了。我的艺术家朋友吉姆就用它以及他从废弃的院子中所获得的金属片进行复杂的雕塑创作。

我在一块薄钢板上安装了一个螺栓，然后将一根细绳拴在螺栓上，细绳的另一端拴在等离子切割机的切割头上。当我转动薄钢板时，细线就绕在螺栓上，使切割头逐渐靠近螺栓。这样，我很方便地制作出了一个旋转上升的金属螺旋体（右图）。这并不算是一个多大的工程，因为切割头很轻，而且尖端移动时也十分柔缓，没有把细绳烧断的危险。我不想用任何其他的手持工具来尝试制作这种形状。

通过与紧凑的供线机结合，等离子切割机的发明带来了一场革命，它使得像我一样对于金属加工技术不太熟练的人也可以在这方面做点什么了。只需要不到1500美元的花费，你就可以切削和加工许多复杂而有用的东西。仅需一个下午的时间，你就可以同时学会这两种工具的使用方法。

用于切割这个螺旋体的等离子体的温度比太阳表面的温度还要高，但因为热量很集中，所以绳子不会被烧断。

如何 💡
用等离子切割机创作一件艺术品

你需要：
☐等离子切割机　☐钢板　☐细绳和螺栓　☐焊工所用的护目镜

1 制作螺旋体时先要在钢板的中心钻一个孔，安上螺栓，再拴紧细绳，使其在旋转钢板的时候能被螺栓缠绕住而不是跟着转动。

2 将绳子的另一头系在等离子切割机的切割头上，绳子要系在切割头的上方。

3 拉紧绳子，开始切割并沿环形转动钢板。随着这一过程的进行，绳子被缠绕在螺栓上而逐渐变短。螺栓的直径越大，螺旋间的距离就越大。

这个钢制螺旋体是用等离子切割机一次性连续不断切割而成的。

在花盆里提炼金属钛

 用几个花盆、一些普通的化学品和大量的热，
你就可以把粗矿石转化为闪亮的金属。

　　一根铁制撬棍的成本约为 8 美元，但如果用钛来制造，则需要 80 美元。一把钛制剪刀的价格至少为 700 美元，更不要说钛制的套筒扳手了。这样说来，钛一定是稀有而珍贵的物质了。不是吗？

　　但事实上，从原矿的角度来看，钛的储量是铜的 100 倍。几乎所有白色颜料的白色都来自矿石中的二氧化钛。这是一种在制造涂料、防晒霜、牙膏甚至纸张中广泛使用的物质，每年要消耗 400 万吨。

　　钛的高昂价格并非因为原料稀缺，而是由于将矿石转化成可利用的钛（例如制造扳手和自行车架所需要的钛）非常困难。在可以熔化钛的高温环境中，钛一遇到空气就会氧化变质，所以它必须在真空或惰性气体环境中经过复杂的加工过程才能得到，这是一个成本极高的过程。

　　然而，我曾经通过随手可得的设备制得了金属钛。我利用的是铝热还原反应，这个过程通常用于焊接钢轨。在铝热反应中，铝和氧化铁发生反应得到液态铁，我只是将氧化铁换成了二氧化钛。但这个反应在二氧化钛把氧转移给铝的过程中释放的热量不足以熔化这种材料，所以，我在反应中加入了熟石膏（硫酸钙）和更多的铝粉。这些物质的反应产生了大量的热量，足以熔化钛并使它在容器底部汇集。此外，我还加入了一些萤石粉，以使熔化的金属更容易流动，并且可以在钛冷却的过程中阻隔空气。

　　我使用的是陶土花盆，这是格尔德·麦耶建议的，这个工艺也是由他开发的。当把砂子填充到两套陶土花盆之间时，它们能持续使用足够长的时间，使得钛冷却成固态的金属珠。

　　可悲的是，这并不是一个可以制取大量钛的实用方法，所以你大可不必寄希望于从事那 700 美元一把的剪刀业务。

"加入熟石膏和更多的铝粉，可使反应产生大量的热量，足以熔化钛并使它在容器底部汇集。"

这些就是反应后从花盆底部的渣子中取出的金属钛块。

如何 💡

在花盆里提炼金属钛

你需要：

- ☐ 30 克二氧化钛
- ☐ 27 克铝粉
- ☐ 2 个黏土花盆
- ☐ 用来点火的长棍形烟花
- ☐ 灭火器
- ☐ 25.5 克熟石膏粉
- ☐ 17.5 克萤石粉
- ☐ 砂子
- ☐ 烤炉手套
- ☐ 安全眼镜

1 将前4种成分在花盆中彻底搅拌均匀。

2 把一个小花盆套到一个大花盆里，中间的空隙用干燥的砂子填满。（必须是干砂子！）

3 用烟花作为导火索将混合物点燃。如果点不着，可尝试用纯的铝粉和熟石膏粉（下图中深色的粉末）作为引燃物。

用烟花点燃二氧化钛和铝粉的混合物。

 真实的危险警告 铝热反应是一个极其强烈的放热反应，温度可达 2200℃，所以请站远一点。

高温将花盆烧裂，露出了里面呈液态的钛。应该将一个小花盆套在另一个大一些的花盆中，并用砂子填充二者之间的空隙，以便收集熔化了的钛。

该反应的温度可达到2200℃，所以几分钟内金属都将一直保持红热状态。

第6章

自然奇观

将闪电冻结起来

 用亚克力板和墨粉冻结闪电，显示电荷流动的路径。

在俄亥俄州的牛顿瀑布，有许多不同寻常的、值得一看的东西。那里的沃尔玛超市有为马车准备的拴马桩，军事基地的直升机和坦克骄傲地排列在小山上……但是我到这里是为了所有事情中最不同寻常的一件事：利用当地的高频高压加速器冻结闪电。

肯特州立大学的 NEO 高频高压加速器有 4 层楼高，电压高达 500 万伏。这是一个很像电视机显像管的粒子加速器，只是更大。（所以，可以认为电视机的显像管是个家用粒子加速器）。这个加速器和电视机显像管都是利用很高的电压和强大的磁场将电子轰向目标的。在电视机中，目标是荧光屏；而在加速器中，目标通常是被射线硬化的塑料管件。

但是，我参加的那个由退休电机工程师伯特·希克曼、物理学家比尔·哈撒韦和金·戈因斯组成的团队的工作成果是利希滕贝格图形——在清澈的亚克力中永久冻结的闪电。我们租用了 NEO 加速器一天的时间，当把电压调节到大约 300 万伏时，它迸发出的高能电子穿过了亚克力表面深入其内部。由于这种塑料是很好的绝缘体，所以它可以将电子囚禁在里面。在从机器上卸下来之后，那些塑料块看起来没有任何异样，但是它们就像黄蜂的巢穴一样，里面充满了拼命想逃走的电子。如果将它们静静地放置在那里，这些电子可以被囚禁几小时而不会跑掉，但如果用钉子去敲击塑料块，就会为电子打开一条通道，使它们迅速逃走。这些电子从塑料块的各个部分汇集到了被钉子敲击的那一

> "当被囚禁的电子逃离时会产生热量使亚克力内部造成损伤，从而永久性地留下了它们'逃跑'时的那些树状的足迹。"

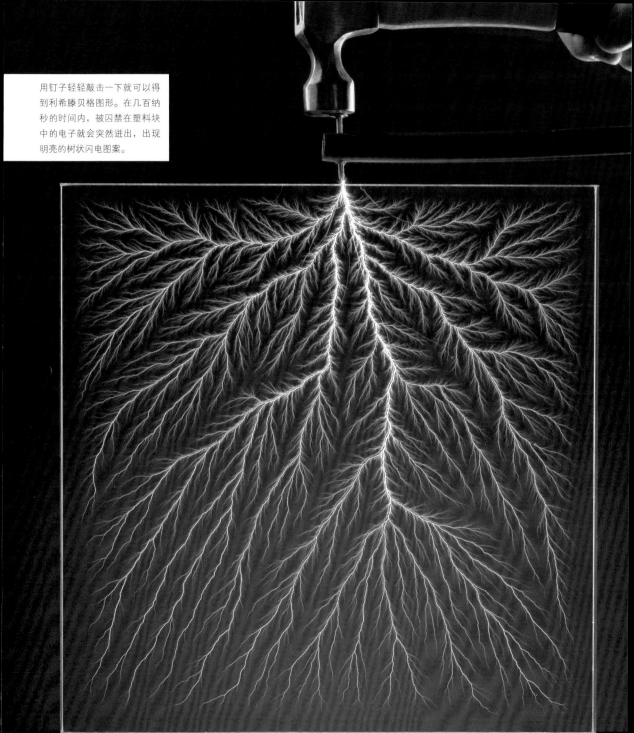

用钉子轻轻敲击一下就可以得到利希滕贝格图形。在几百纳秒的时间内，被囚禁在塑料块中的电子就会突然迸出，出现明亮的树状闪电图案。

点，在途中形成越来越大的电流。在这些电子逃离的过程中会产生热量，使塑料内部造成损伤，从而永久地留下电子"逃跑"的路径，即树状足迹。如果在一道闪电迸发之前你能看到一朵雷雨云内部 1 纳秒时间里发生的事情，你就可以看到同一类图形。闪电是不会一下子形成的，它必须把云朵各个部分的电荷汇集起来。

　　如果想永久保存，你可以用复印机、打印机的墨粉和任何常见的静电源制作类似的利希滕贝格图形。这就是德国科学家乔治·克里斯多夫·利希滕贝格在 18 世纪末期首次做的实验（他当时使用的是硫黄粉），这在当时是电学史上最伟大的发现之一。如今，这种图形是我们了解电荷释放过程的一种极好的方式，同时你还能花一个下午的时间用一台非常昂贵的机器留下一件很酷的纪念品。

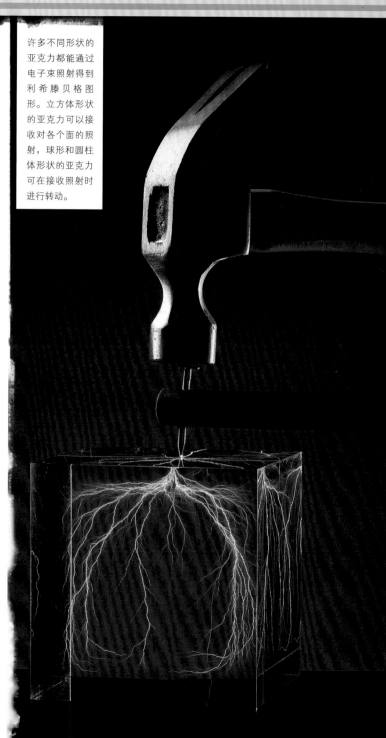

许多不同形状的亚克力都能通过电子束照射得到利希滕贝格图形。立方体形状的亚克力可以接收对各个面的照射，球形和圆柱体形状的亚克力可在接收照射时进行转动。

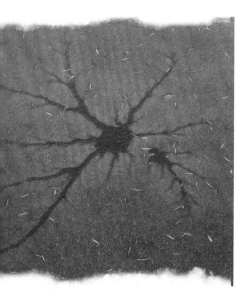

在进行冻结闪电实验时，我家池塘里的水在排干过程中自然形成了这个像闪电一样的图案。

如何 💡

用墨粉冻结闪电

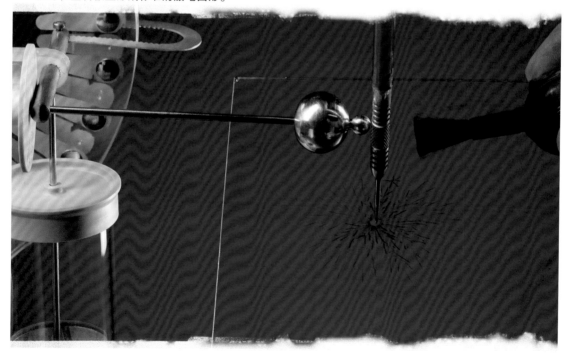

你需要：

- ☐ 维姆胡斯特起电机或范德格拉夫静电发生器
- ☐ 清洁、干燥、未加工过的亚克力板
- ☐ 金属尖状物或导线
- ☐ 墨粉

1 仔细安置金属尖状物，使金属尖接触绝缘材料的中心。（利希滕贝格用的是树脂材料，现在透明亚克力的效果非常好。）

2 用力在粗毛地毯上摩擦你的手指产生静电，然后用你的手指接触金属尖，或用静电发生器的电极释放静电。这样就可在塑料板上形成标准的放电图形。

现在利希滕贝格图形已经形成了，只是你看不到它。

3 将墨粉吹撒到塑料板的表面上。墨粉将被静电吸引，显露出一幅漂亮的利希滕贝格图形。利希滕贝格的发现最终导致了复印机和激光打印机的出现，其中电荷是以文字和图像的样式分布的。

当被撒到塑料板的表面上时，墨粉就显示并记录下了塑料板中静电的放电图形，就如同复印机感光鼓上的文字和图像的静电图案一样。

查看身边的放射性

 自己建造一个观察粒子踪迹的云室，观察周围的放射性粒子。

有时候，我能在一团酒精烟雾中看到比原子还小的亚原子粒子在我眼前嗖嗖地飞过。当然，我们需要一些相当"强悍"的材料——无水酒精或者100%的异丙醇。普通的酒都太淡了。

在某人干预之前，我应该先声明一下，酒精并不在我的身体里，而是在一个被称为云室的密封盒子里，它使得你用肉眼就能看到放射性蜕变的产物——在浓密的酒精烟雾中亚原子粒子迅速移动的路径。

云室的工作原理就是产生一层过饱和蒸气，在这个空间里，酒精蒸气被冷却到了可以凝结为液体的温度以下。在这个温度下，它本该凝聚成为液体，但还没有凝结，因为凝结过程没有被触发。在这个环境里，如果有阿尔法粒子、贝塔粒子或者伽马射线飞过，它们就会对飞行路径上的环境产生扰动，让沿途饱和的酒精蒸气凝结成小露珠。这样，我们就可以戏剧性地用肉眼看到粒子的踪迹了。

"在那些显示粒子踪迹的照片中，用以显示阿尔法粒子踪迹的液滴的体积大约是阿尔法粒子自身体积的 10^{38} 倍。"

安置云室的干冰床和光源，这些对观察亚原子粒子的运动轨迹都是极为重要的。

90
Th
钍

熔点：1745℃。

沸点：4787℃。

发现：1828 年，由瑞典化学家贝齐乌斯发现。

名称来源：北欧神话中的雷神(Thor)。

用途：制造汽灯灯头纱罩、焊条等。

制造一个神奇的云室从原理上看很简单，但真做起来还是很讲究的，关键是盒子的密封性要非常好，盒子底部的温度要非常低，而上部需保持室温。盒子里面的酒精蒸气是由一块浸泡过无水酒精的纸巾提供的，盒子则平稳地放在干冰块上以使底部冷却。（当心，许多玻璃和塑料一旦与干冰接触就会破碎。我制作云室时使用了用硅胶黏合起来的有机玻璃。）过一会儿，盒子内部会产生这样一种模式：温热的酒精蒸气慢慢冷却并下沉到冰冷的盒子底部。在盒子底部约 30 厘米厚的一层可能会满足过饱和的条件，也可能不会。我在伊利诺伊大学的乔纳森·思维德勒和伯纳德·迪克的帮助下，花了好几天的时间才将它调好。

即使没有放置放射源，偶尔也会看见杂乱无序、方向随意的粒子轨迹。这些是宇宙射线、氡和其他各种各样的放射性物质自然产生的结果。

为看到足够多的粒子踪迹，我们在云室中放置了一些钍箔，使看到的阿尔法粒子数目大大增加。用普通的放射源，例如烟雾检测器中的镅或抗静电刷子中的钋，你应该能得到同样的效果。如果看到云室突然被大量出现的粒子径迹"点亮"，你也许该想到调查一下是否出现了原子弹爆炸时的蘑菇云。

如何
自己制造云室

你需要：
☐ 有机玻璃盒
☐ 干冰或液氮
☐ 无水酒精
☐ 放射性样品

1 用胶水黏合有机玻璃板制作一个透明的密封盒子。有机玻璃盒的底部最好使用铝材，并将其涂成黑色。

2 把盒子放在干冰块或盛有液氮的浅盘上。盒子底部需要很冷，同时上部仍然要处于室温。

3 将一块布或面巾纸在无水酒精中浸湿（不能使用普通酒精，因为里面含有水）。

4 把用无水酒精浸泡过的面巾纸放在盒子边沿。

5 在盒子里放置一些有放射性的东西。

6 盖上盖子，将盒子静置几分钟。如果每件事情都做对了，在盒子底部会形成一层酒精蒸气"云"，你将会看到粒子在"云"中飞过的轨迹。

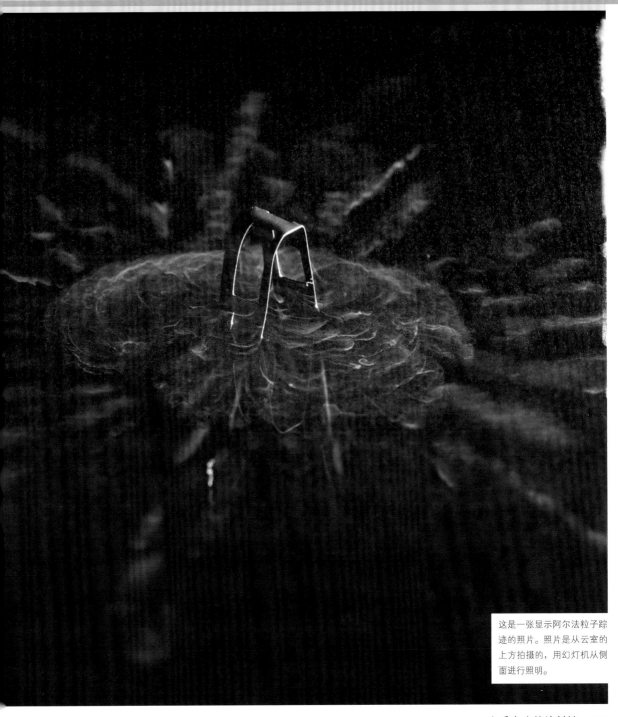

这是一张显示阿尔法粒子踪迹的照片。照片是从云室的上方拍摄的,用幻灯机从侧面进行照明。

让所有物体悬在空中

 跳出不可能实现的理论束缚，随心所欲地浮起任何东西。

不知道你是否尝试过让一块磁铁悬浮在另一块磁铁之上。我想你一定曾经尝试过，但是失败了，因为那个愚笨的东西总要试着翻身。1842年，英国数学家山姆·恩绍发表了著名的恩绍大定理，他从理论上证明了用永磁体实现悬浮是不可能的。从那时起，如果谁被看到正在做磁悬浮实验，都会招致同事的嘲笑："哈哈，大家快看，弗雷德在那里平衡磁铁呢！我猜他从未听说过恩绍大定理！"

但是请等一下，别太快下结论。实际上，虽然恩绍大定理是绝对正确的，但它有两三个足够大的漏洞，这些漏洞大到各种各样稳

定的磁悬浮设备都能"通"过去，包括现在你在任何精品店里可以花大约30美元买到的浮磁陀螺。

这个盘旋在一个磁体上面的陀螺，是一个名叫罗伊·哈里根的佛蒙特州人在1983年发明的专利产品。与他之前其他研究磁悬浮并失败的科学家相比，哈里根有一个明显的优势——他完全不知道恩绍大定理。由于不知道这不可能实现，他栽了个跟头，但结果捡了个元宝，发现这实际上能够实现。实际上，通过让旋转物体的自转轴发生摆动，就可以以一种不违反恩绍大定理的方式产生一个实在的稳定岛。但在长达一个世纪的时

> "抗磁性是一种纯粹的排斥性磁力，在磁场中所有材料都不同程度地显示出了这种性质。超导体具有完善的抗磁性，任何磁铁都可以在其上方轻易地悬浮起来。"

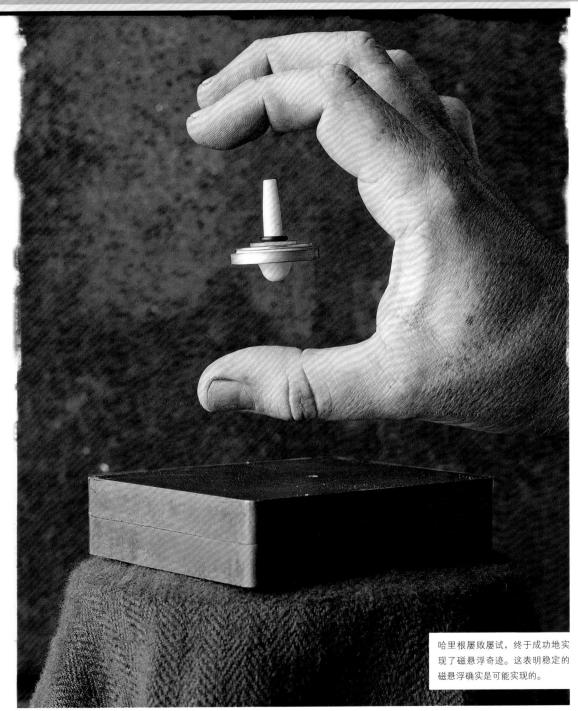

哈里根屡败屡试，终于成功地实现了磁悬浮奇迹。这表明稳定的磁悬浮确实是可能实现的。

间里，它完全出乎物理学家们的预料。（虽然我仅用半个小时就使浮磁陀螺正常运转起来，但是我也不想对那些挤眉弄眼的科学家要求得太苛刻了。我可以想象哈里根在经过几年的努力后终于让东西悬浮起来的时候有什么样的感觉。）

恩绍大定理的第二个例外是抗磁性。这个定理只适用于铁磁性，即通常在大部分磁铁中出现的具有南北磁极的磁性。抗磁性是一种纯粹的排斥性磁力，在磁场中所有材料都不同程度地显示出了这种性质。例如，如果在一块磁铁上简单地撒下一片石墨，它们就会永远飘浮在空中。在我的办公室里，有些石墨片盘旋了 6 个月。高温超导陶瓷也是一种完美的抗磁性物质，所以在它上面稳定地悬浮一块磁铁是很容易的。即使你用手指敲击磁铁，它也不会掉下来。（在 20 世纪 90 年代科学家刚刚发现高温超导陶瓷时，这还是新奇和异乎寻常的，但是如今你仅花 40 美元就可以买到整套设施。）

顺便说一句，石墨片并不是唯一能悬浮起来的抗磁性物体。荷兰的研究人员顺利地悬浮起了水滴、榛子、青蛙，甚至一只名叫泰莎的仓鼠。在理论上，甚至应该可以悬浮起人，虽然还没人真正成功地做过。人们为何在磁悬浮这个问题上浪费了那么多时间呢？简单地说，那是思维惯性的力量。在进行 Mathematica 软件研制的过程中，每当我被告诉某事不可能完成时，我就会想起恩绍大定理。假设某件事情能够实现，然后去寻找可能性，这样去对待问题，事情就好办多了。那些科学上的突破就是这么实现的。

具有完美抗磁性的高温超导陶瓷是恩绍大定理的另一个例外。

如何 ☀
悬浮任何物体

你需要：
☐ 浮磁陀螺
☐ 高性能钕铁硼磁体和高温裂解石墨
☐ 高温超导陶瓷盘和液氮

首先想办法弄一个浮磁陀螺。如果你想尝试自己开发，那可能是一段要花费数年时间、令人失望的经历。这个东西对任何微小的变化都具有难以置信的敏感度。如果想用具有抗磁性的石墨进行悬浮，则要使用在市场上能买到的最强力的钕铁硼磁体和高温裂解石墨。用高温超导陶瓷盘进行悬浮是件非常酷的事情，但是要求用液氮对高温超导陶瓷盘进行冷却。现在已经可以买到现成的成套器材了。

暴露金属内部的秘密

➡️ **在盐酸中浸泡金属，显露被
锁在里面的晶体。**

在19世纪50年代那些淘金的日子里，"通过酸的检验"一语非常流行，矿工们使用浓盐酸来确定他们淘到的东西是不是真正的金子。如果它接触盐酸后会起泡，产生了泡沫，它就不是金子。但是即使在那些失败的实验中，也曾发生过美好而有趣的事。

当纯净的金属冷却时，它们就会硬化并变成复杂的、相互连接在一起的晶体。你看不到晶体，因为它们完美地"装配"在了一起，形成了表面坚实光滑、质地均匀的固体。但是，盐酸能够揭示出其内部的晶体结构。将金属在盐酸中浸洗，它们会释放出氢气并慢慢地溶解（金和盐酸不起反应，不释放氢气，因此不会产生气泡）。盐酸可以在金属表面蚀刻出按照其晶体结构分布的微小沟槽，这些有沟槽的表面会呈现随光线角度变化的明暗相间的斑纹。当转动样品时，这些斑纹会忽明忽暗地闪烁，这种效应叫作衍射，如同在CD的背面看到的那样。

> "盐酸可以在金属表面蚀刻出按照其晶体结构分
>
> 布的微小沟槽，这些有沟槽的表面会呈现随光
>
> 线角度变化的明暗相间的斑纹。"

我决定使用纯锌和纯铝样品来展示这种现象，因为这两种金属在熔化后慢慢地冷却时内部会产生体积很大的晶体。虽然我还没有找到一个这样的晶体，但我肯定家里的某种物品（如烛台、金属碗）在盐酸的作用下会显露出漂亮的晶体结构。由于我妻子的缘故，我希望很快找到一个这样的晶体，这样我就不必继续尝试熔化厨房里的小物件了。

如何

揭示金属的晶体结构

你需要：

☐ 纯金属铸件
☐ 浓盐酸或硝酸
☐ 耐酸容器
☐ 橡胶手套
☐ 安全眼镜

1 在耐酸的碗或烧杯中倒入足量的盐酸。

2 将物件轻轻地放入盐酸中，千万不要让酸溅出来。

3 放置30～60秒之后拿出物件。如果这时你看不到晶体结晶，大概以后也就不会看到了；如果你能看到，将其重新放入盐酸中浸泡更长一点时间，那样你会看得更清楚一些。

真实的危险警告

少量的盐酸可以在自来水连续流动的情况下非常缓慢地直接倾倒入下水道。但是千万不要将水加到盐酸中，而应该将盐酸倒入水中。在使用和处理盐酸时，请阅读并遵守容器上的操作说明。

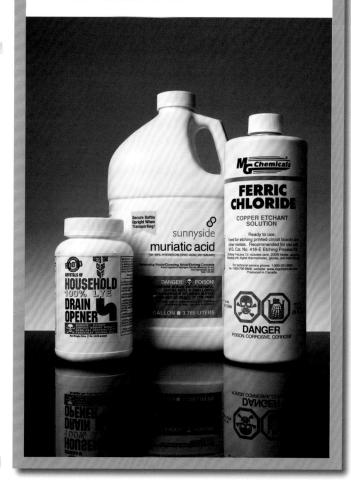

锌球在盐酸中起泡，咝咝
作响，最终显露出了它的
晶体结构。

HCl
盐酸

它是什么：有腐蚀性的无机酸，可以人工制造，也天然存在于人的胃酸中。

发现：公元 800 年左右，阿拉伯炼金术士阿布·穆萨·贾比尔·伊本·哈杨通过混合氯化钠与硫酸发现。

用途：铁制品除锈、制造 PVC、家庭清洁。

左图上方是刚从盐酸里面捞出来的锌球，下方分别是：一个铁制的电子束溅射靶，它受到了电子束而不是盐酸蚀刻；两块具有一层薄薄的氧化膜的纽扣形金属锆，这层氧化膜是在受到电子束轰击的过程中产生的，它显露出了锆内部的晶体结构。

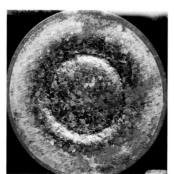

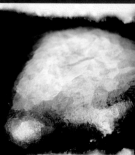

这是用盐酸蚀刻前（右）和蚀刻后（左）的两个锌球。位于锌球顶部的是一块金属铝。

永不融化的雪花

把强力胶与极少量的水一起冷冻成固体，你就可以制造一朵永不融化的雪花。

你有没有幻想过捉住一朵雪花并永远保留它？这并非天方夜谭，其实你能做到。左图是一朵 1979 年 1 月的雪花的照片，但它不是一张 20 多年前的老照片，而是在化学家特里格维·埃米尔森的书桌上放了 30 年的雪花的新照。那朵雪花一直被锁在一滴胶水中。那种胶水称为强力胶，它是现代化学的一个奇迹。

强力胶是在第二次世界大战期间发明的，它是一种很稀的、流动性很好的黏结剂。它之所以"强力"，是因为其中含有一种叫作氰基丙烯酸酯的小分子单体，它们可以渗透并连接与其接触的任何微小的物体。当这些单体头尾相接聚合成长链（称为聚合物）时，强力胶就硬化了。

这个过程是由非常少量的水分或水蒸气触发的，并且会非常迅速地进行。这就是强力胶在潮湿的东西（例如手指）上比在你试图粘接的其他东西上更快更容易硬化的缘故。强力胶能够渗入最微小的角落，接触水后则变硬，并迅速固化。

虽然雪花不过是由水形成的，非常渺小，寿命又如此短暂，但它非常完美。1979 年的整个冬天，埃米尔森都被威尔逊·本特利于 1931 年出版的那本具有开创性的图鉴《雪的晶体》迷住了。这本书记录了本特利在 47 个冬天里拍摄的近 2500 幅美丽、脆弱而又有花边效果的雪花照片。

为了在自己身体辐射的热量将雪花融化之前拍出照片，本特利必须动作迅速。尽管埃米尔森来自冰岛（或许正是由于这个理由），但他并没有打算在冰天雪地中长时间地奋战，因此他找到了制造强力胶的方法。

这是 2005 年拍摄的一幅在 1979 年"凝固"在强力胶中的雪花的照片。

> "当强力胶中的叫作氰基丙烯酸酯的小分子单体头尾相接聚合成长链时，强力胶就硬化了。"

这种方法可以让你从外面捕获雪花，然后在舒适的起居室里研究它们。如果你喜欢，还可以在噼噼啪啪的火炉前进行研究。本特利保存雪花照片，但这些不是他作为孩子渴望显示给他的母亲看的真正的雪花。你可以想象，如果他有几百支强力胶，他会把图鉴做成什么样子呢？或许某一天我们将会看到当代本特利的出现。这个本特利可能就是你，谁知道呢？

如何

永久保存一朵精美的雪花

你需要：
- □ 显微镜载玻片
- □ 盖玻片
- □ 强力胶
- □ 冰箱

1 在–7℃或更冷的天气里，将载玻片、盖玻片和强力胶分开放置，并加以冷冻。用冷冻好的载玻片捕获雪花，用冷的镊子移动载玻片。

2 在雪花上滴一滴冷的强力胶（注意：不能用那种糨糊状的胶，一定要使用那种稀的、流动性好的胶）。

3 在胶水上放一块盖玻片。不要用力压，否则雪花会被压碎或因为你手指的热量而融化。

4 把载玻片放入冰箱中，保存一两个星期，不要用手接触它。必须等强力胶硬化后再取出来。

图中的化学反应式表示：SiO_2（石英砂）与 Mg（镁粉）发生反应后可生成 Si（硅）与 MgO（氧化镁）。在照片中看不到 MgO，因为它溶解到盐酸中了。

$$SiO_2 + 2Mg \rightarrow Si + 2MgO$$

化泥土为神奇

 把泥土转变成制造计算机时必须使用的原料，并且制作一个充满魔力的火球。

现代工业所依赖的自然资源之一是石油。也许某天石油会被耗尽，但高技术领域在元件供应方面不会短缺，因为我们不缺少制造芯片的硅。硅是制造计算机处理器的关键。硅的氧化物叫作二氧化硅或石英，其实就是普通的泥土。对，它实际上就是泥土。几乎各种砂子、黏土和岩石都会以这种或那种形式含有石英。从总量上讲，地球表面一半以上的物质都是由石英构成的。

工业上是通过在熔炉里将石英与焦炭一起加热来制造纯硅的，但是还有更容易的方法，尽管它可能不是最经济的。这种方法是我从一个叫杰森的英国理科教师那里学到的。你所要做的就是在试管里把石英砂和镁粉混合并共同加热。镁从二氧化硅中"窃"走氧原子，自然就留下了硅元素。在没有完全反应的情况下，试管底部留给你的将是氧化镁、硅化镁、硅和镁的混合物。幸运的是，净化它的最佳方式也是最有趣的。我告诉了我那8岁的哈利·波特迷，我准备了魔药。

首先，在装有5杯水的碗里倒入1杯浓度为37%的盐酸。注意这个过程不能搞反，因为将水倒入盐酸中而不是将盐酸倒入水中时会发生爆沸。然后把试管中的混合物倒入碗里，这时你会得到一团美妙的火焰和可爱的蘑菇状烟雾。这是一种你最好不要错过的魔药。（我也可以制作升空魔药，但是我必须对我的女儿解释，因为我们在马格尔区居住，我只得到了允许浮起很小物体的许可。）

从化学上讲，当这些粉末碰到盐酸时会发生几件事。其中残留的镁粉会与盐酸起反应产生氢气。硅化镁与盐酸起反应生成硅烷（氢化硅）气体，它遇到空气会自燃，并噼噼啪啪作响，点燃附近的氢气。如果仍有一些镁粉飘浮在空中，它们也会着火，产生明亮的闪光和白色的烟雾。我们一次得到三种形式的火焰，而落在碗底的粉末就是被净化的硅。咒语是幻想，但是魔药是真的，并且这是一种神奇的魔药。

> "硅化镁与盐酸起反应生成硅烷气体，它遇到空气会自燃，然后点燃附近的氢气产生蘑菇状的烟雾。"

如何 ☀

提炼纯硅

你需要：

☐ 60 克细石英砂
☐ 40 克镁粉
☐ 盐酸
☐ 玻璃试管
☐ 防火金属试管夹
☐ 丙烷气焊枪或本生灯
☐ 安全眼镜

1 将石英砂和镁粉放入带封口的塑料袋中摇动1~2分钟，使其充分混合。

2 在玻璃试管中放入其容积1/3左右的混合粉末。该反应必须在试管中进行，以避免在加热过程中试剂和空气接触（在敞开的环境中不会发生反应），但是不要把试管口塞住。

（继续，见194页）

元素

14

Si
硅

熔点：1414℃。

沸点：3265℃。

发现：1824 年，由瑞典化学家贝采里乌斯发现。

用途：制造集成电路芯片、太阳能电池、合金等。

镁、氢和硅烷被烧掉的同时，纯硅留在了碗底。

如何
提炼纯硅

3 用防火试管夹夹住试管口一端，水平固定试管。确认试管口指向没有可燃物的方向，因为镁粉有时会着火喷出。

4 从试管底部开始，用丙烷气焊枪或本生灯（一种以煤气为燃料的加热器具）将其加热至红热状态。仔细观察内部试剂，可见其从某点开始会自发地由红热状态变成黄热状态，这即是反应的开始。除了火焰提供的热量之外，该反应自身也会发热。

5 沿试管移动火焰，"驱赶"红热区域，直到试剂末端。该反应不会自动发生，你必须自始至终用火焰提供额外的热量。最后，你大概会看到从管底发出的一道闪光。

6 让试管冷却，将里面的东西倒入一个带长把的金属量杯中。应确认试

管已完全冷却，否则倒出时镁粉会着火。

7 在一个碗里倒入5杯水，然后加入1杯盐酸制成稀盐酸。一定注意要将盐酸加入水中，而不得颠倒顺序。

8 在一个防火区域，迅速将量杯中的粉末倒入酸液中。如果它不着火，说明你在第4和第5步中加热得不够，或者你用的砂子不是石英砂。

要将试管里的镁粉充分加热，试管最后可能会被烧毁。

☠ **真实的危险警告** 本实验所用的镁粉在空气或酸中容易起火或爆炸，所以要对眼睛进行有效的保护，穿上防火衣也是绝对必要的。在实验中，试管会被烧坏，这很正常，要有心理准备。如果反应正常，将会看到一个镁粉燃烧时形成的火球。如果你已做好防护，你就不会受到伤害。如果没有防护，这大概会使你永远失明。观看实验的观众也应该戴上安全眼镜。

窥视量子世界的奥妙

> **通过过氧化氢和氯气发生反应制造发红光的混合物，它将带你进入量子物理的奇妙世界。**

子理论建立于 20 世纪 20 年代。这是一个用于解释原子和电子在极小尺度的微观世界中的运动规律的学说。在这之前，漂白粉和过氧化氢混合时所发出的光只是被当作像火或萤火虫发光一样的另一个化学反应而已，但是这实际上让我们窥见了不可能是如何变成可能的。

过氧化氢遇到氯时就会分解，释放出氧分子，其中每个氧分子都带有一个处于高能级的电子。当电子不可避免地回到低能级（称为跃迁）时，其能量就会以光子的形式释放出来，发出绚丽的光芒。这个过程看似很简单，但是存在两个问题。

首先，量子力学的计算表明，这个跃迁过程产生的能量只够产生红外光的光子，而红外光是不可见的。其次，量子力学定律表明，这种跃迁（一个孤立的氧分子从高能级返回低能级）无论如何也不能发生。

那么，为什么我们要相信抽象的、违背常识的量子力学呢？因为有时候两个不可能的事件会制造出一个可能的事件来。

原来，按照量子力学的理论，由于氧分子这种从高能级（激发态）向低能级的跃迁是被禁止的，这种分子会被滞留在激发态上，也就是说，直到它最终与另一个处于激发态的分子碰撞，改变其对称性为止，两个电子

> **"当氧分子中处于高能级的电子不可避免地跃迁到低能级时，能量会以光子的形式释放出来，发出绚丽的光芒。"**

元素

17

Cl

氯

熔点：–101.5℃。

沸点：–34.4℃。

发现：1774 年，由瑞典化学家卡尔·舍勒发现。

用途：制造消毒剂。

才同时返回低能级。同时，两个电子合在一起，释放出了一个具有原来 2 倍能量的单个光子——一个可见的橘红色光的光子。最后，这种不可能成为了可能。

这种现象告诉我们为什么不应该对那些大家都知道不可能发生的事情放弃希望，比如超光速，实际上它是能发生的。如果漂白粉和过氧化氢的混合能把我们带到这样深奥而古怪的事情当中，或许未来某一个物理学的黄金时代将证明，那些今天未被注意到的红葡萄酒和干马蒂尼鸡尾酒的混合甚至会引起一次很微小的比光速还快的旅行。

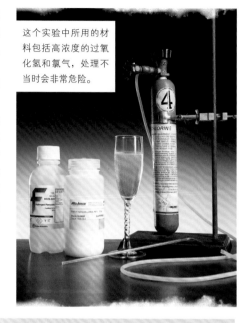

这个实验中所用的材料包括高浓度的过氧化氢和氯气，处理不当时会非常危险。

如何 ☀

在杯子中窥视量子世界的奥妙

你需要：

☐ 30% 的过氧化氢
☐ 氯气钢瓶
☐ 橡胶手套
☐ 安全眼镜

1 把过氧化氢倒入高脚杯中（带刻度的量杯比图中的杯子更好）。

2 在黑暗的房子中缓慢地将氯气注入过氧化氢中。

3 绚丽的色彩通常出现在液体上方的气体顶部。

 真实的危险警告 30% 的过氧化氢比从药店买来的 3% 的过氧化氢不稳定得多。氯气一定要由有经验的化学家在通风橱或其他防护性能很好的环境中进行处理。

过氧化氢和氯气发生反应释放出光子，产生绚丽的橘红色光芒。

用砂子揭示磁力线

➡ **用磁铁提取海滩上的磁铁矿砂，并用它们来观察磁力线。**

你一定知道《星际迷航》中的科克船长在某个星球上与蜥蜴人作战并偶然在地面上发现了火药成分的那个情节。大自然通常是不会轻易献出元素的，但是也有一些美妙的例外。

举个例子吧，许多表面上看似普通的白色海滩实际上含有黑色的磁铁矿砂。这些磁铁矿砂是被水从山上和地面冲刷到海滩上的。（具有讽刺意味的是，火山喷发形成的黑色海滩通常包含很少或没有磁铁矿）。在这样的海滩上，只要将一块具有强磁力的磁铁放在距离砂子三四厘米的上方，磁铁矿砂就会一粒一粒地从沙滩上跳出吸附在磁铁上。若非亲眼所见，你可能觉得这难以置信。这些被吸上来的磁铁矿砂和杂物混杂在一起，只要将它们在纸上铺开，然后再拿磁铁从上

"令人惊奇的是，'探路者'火星着陆器使用了一个类似的装置来确认火星上的磁性尘土——只有磁铁矿才可以形成可见的磁力线轨迹。"

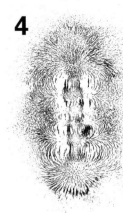

如何 💡
观察磁力线

你需要：
☐ 含磁铁矿的砂子
☐ 磁铁
☐ 塑料袋

1 用一块大磁铁从砂子中吸出磁铁矿。

2 用一块小一点的磁铁在吸出的磁铁矿砂上再吸一遍，以除去其他的砂子。（用塑料袋裹住磁铁以保持其干净。）

3 重复第2步，直到你得到的磁铁矿看起来更纯净（左），而非未经处理的海砂（右）。

4 把提纯了的磁铁矿砂撒在纸上，在纸的下面放一块磁铁，这时就能看到磁力线图案了。

元素

26
Fe
铁

熔点：1535℃。

沸点：2750℃。

发现时间：自古已知。

名称由来：拉丁文 *ferrum*，意思是 "铁"。

用途：建筑、炼钢

面划过，就能将其提纯。

20世纪上半叶，生铁生产商使用的就是与此相似的方法，在加利福尼亚圣克鲁斯附近的海滩开采现在已被保护的磁铁矿。挖掘出来的砂子从底下安装有磁铁的阶梯式送料板上流过：砂子流走，磁铁矿被吸住。这种开采铁矿的方法在南非和其他一些地方还在采用。在磁铁矿被提纯之后，可以尝试一下把这些东西直接倒在一块强磁铁上，用它们"建造"塔和拱桥。更科学或者至少说更有教育意义的应用，是把那些东西撒在纸上，在纸下放一块磁铁，观看磁铁矿砂沿着连接磁铁南北极的磁力线自动排列。令人惊奇的是，"探路者"火星着陆器使用了一个类似的装置来确定火星上的磁性尘土——只有磁铁矿才可以形成可见的磁力线轨迹。

毋庸置疑，这些漂亮的磁场图案相当诱人，但这不是我把磁铁矿列为我喜爱的从野外收集的氧化物的原因。读了本书的第138页，你会知道真实的原因，并且知道它是如何帮助科克船长解决他与蜥蜴的问题。

原子的狂欢

 目睹放射性物质的衰变。

19 03年，没有任何可以从电视机上观看的节目，因为没有电视机，而且不像今天这么容易碰见女孩。但是有一种设备一下子解决了两个问题……或许可以这么说吧。

那年发明的克鲁克斯闪烁镜是管状的，管子的一端装有一块透镜，另一端是一小片涂有硫化锌的荧光屏，屏上有一小粒装在针尖上的镭。从透镜往里看，你就会见证一个个原子在那里用绚烂的闪光向人们展示着它们的荣耀（我要说，这比今天电视上的多数节目有趣多了）。每个衰变的镭原子都会释放出一个高能阿尔法粒子去轰击硫化锌晶体，这样就触发了一个最终释放光子的过程，在屏上产生眼睛可以看到的闪光。

这些原子如此微小，如果要用它们的能量将一茶匙水的温度升高1℃，那么需要4万亿（4×10^{12}）个这样的原子。事实上，你能看到单个原子衰变时发出的闪光并没有什么可惊奇的。你的眼睛必须完全适应黑暗，就是说你得坐在漆黑的屋内至少10分钟。如果你是1903年的一个勇敢的年轻科学家，带了这样一个闪烁镜去参加晚宴，你得邀请女士们在暗室里坐在你的旁边观看，否则会被认为是不礼貌的。这也许能解释为什么这些设备很早就开始流行。

到了1947年，你可以花15美分得到一个闪烁镜玩具指环，另加一盒麦片。但现在，你要想在eBay上买一个这样的玩具则要花200美元。但是现代版的闪烁镜（用安全的放射性矿石做的）也上市了，而且它们真的能工作。当然，你首先要在一个暗室里坐上10分钟，利用这个机会，你可以做你想做的事情。

> "当放射性原子在闪烁镜里面衰变时，其射线会在涂有硫化锌的屏幕上激发出光子，这样我们就可以在屏幕上真实地看到单个原子的闪光。"

这些都是我的收藏品，最左面的是一个现代的闪烁镜，中间是闪烁镜玩具指环，最右面的黄铜闪烁镜的制作年代大概是 1910 年。

这是 1947 年生产的闪烁镜玩具指环，当时只是 Kix 牌麦片的赠品。谷物食品依然在出售，但是人们对待放射线和炸弹的态度早已改变。

如何 观看单个原子的衰变

你需要：

- ☐ 闪烁镜
- ☐ 硫化锌屏
- ☐ 放大镜或显微镜
- ☐ 有放射性的矿石或其他物品

1 购买一块硫化锌屏（你也可以买一个完整的闪烁镜，但那是个骗局）。

2 将硫化锌屏、放大镜（或显微镜）以及一个有放射性的物体（如带放射性的矿物、铀样品、烟雾检测器中的放射性部件，或者任何其他有放射性的家庭用品）放到一间漆黑的屋子里。

3 确认房间内确实黑暗，没有光线从门缝里进来。

4 等几分钟，让你的眼睛适应黑暗。

5 把放射性材料放在屏幕旁边，用放大镜观察屏幕。这时你应该能看到微小的光点。放射源离屏幕越近，你就看得越清楚。

6 如果这样不行，或者你就是找不到黑暗中的那些光点，建议你买个现成的闪烁镜，它让你不会轻易失手。

最上方的图片所示的是一个当代的闪烁镜和硫化锌屏，中间的照片显示的是正在用硫化锌屏和闪烁镜观察抗静电刷的放射性。最下方的图是用计算机模拟出来的、你应该在闪烁镜中看到的情况。因为硫化锌屏上的光点强度如此微弱，所以根本不可能拍到闪光的照片。

元素

88

Ra 镭

熔点：700℃。

沸点：1140℃。

发现：1898 年，由居里夫妇发现。

用途：曾用于夜光表，现用于癌症治疗、实验室放射源等。

第7章

超出想象的古怪

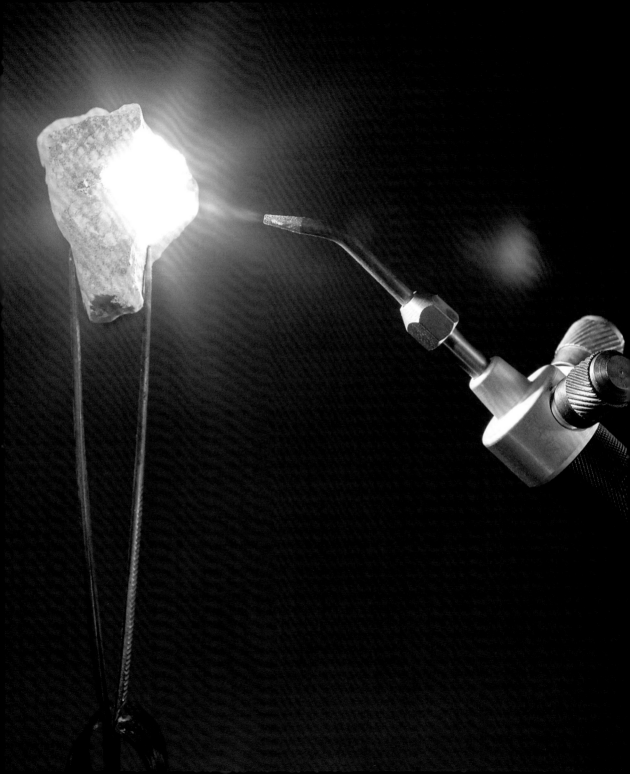

生石灰也能做灯泡

假如哪天地球上没有了电灯，你可以用生石灰做一盏驱走黑暗的白炽灯。

里根当总统开始，人们就已经不再用带拨号盘的电话机了，但是你还是在打电话。钟表早就数字化了，但时间还是在滴答声中逝去。在 19 世纪的大部分时间里，照亮剧场舞台的是汽灯，而给明星身上投射一束强光的是石灰灯（limelight）。虽然现在已经改用电灯使明星成为剧场中的焦点，但照明灯具依然叫石灰灯（英文中的聚光灯和石灰灯均为同一个词 "limelight"）。在过去 100 多年中，一个人的名气与氧化钙并不相干，但是，一旦成为名人，他就站在"石灰灯"下了。

石灰灯听起来很古怪，但它只是白炽灯的一种形式。这个炙热的光源是白热的生石灰（或叫氧化钙）。生石灰的腐蚀性比花园中使用的石灰水强得多，前者除了其他用途，常被用来分解灾难后的尸体，以防疾病传播。

在标准的灯泡中，电流加热钨丝，直到它产生明亮的白光。石灰灯则是用氢氧焰加热生石灰块。这两种灯所用的热源不同，但原理一样。石灰灯产生白光的原理就像任何高温物体产生白光一样：当物质被加热后，原子会发生剧烈振动，振动的原子会释放光子。其他化合物（如氧化钍）也能用于此目的，但是生石灰还有另一个明显的优势，即它没有放射性。我用来演示的生石灰块在 2300℃温度下烧了半个小时也没有出现损耗的迹象。

现在你还可以买到用火焰加热的照明设备。露营用的汽灯就是用火焰加热用氧化钍制作的纱罩的，直到使它发光。我甚至做过这样的实验：敲碎灯泡，取出里面的钨丝，然后用汽灯的火焰给钨丝加热！和通电一样，它也会发光。

这有什么实用价值吗？当然没有。但随着使用石油燃料的好日子逐渐消失，我们最好应该知道如果没有了电，在连电话也不能打的时候，依然可以用天然气做饭，使用古老的"灯泡"来照明。

用焊枪对着一小块生石灰进行加热，生石灰在几分钟后即可达到 2300℃发出强烈的白光。如果用凹面镜进行聚焦，就可以得到一束强光。

"石灰灯使用氢氧焰给生石灰块加热，它的发光原理是高温下的原子会剧烈振动，振动的原子则会释放出光子。"

CaO
氧化钙

熔点：2572℃。

制造方法：在900℃以上的温度下煅烧石灰石。

用途：建筑、消毒、制造肥皂。

图中的两束火焰燃烧的是同种可燃气体，区别在于右侧的火焰外面包着一个含有氧化钍的套子，它比"赤裸"的火焰明亮得多。

如何 自制石灰灯

你需要：

☐ 生石灰
☐ 焊枪
☐ 安全眼镜

1 先找到一块生石灰。需要注意的是，生石灰和石灰石、农用石灰（或熟石灰）不是一回事。它比这些通常用的材料要难以获得。

2 装配好氢氧焊枪。注意只能使用标注有"氢气专用"的焊枪和减压阀！将乙炔（或丙烷）与氢气一起使用是在故意制造灾难，试都别试！

3 将焊枪的火焰对准生石灰块。千万不要用肉眼直接盯着它看，除非你戴着10号以上的遮光镜，因为所产生的光的亮度实在令人震撼。

白炽灯中的钨丝发光完全是因为它发热的缘故，而不管你是用电还是用火焰加热。但用火焰加热的话，钨丝的寿命最长也只有几秒钟。

 真实的危险警告 生石灰具有强烈的腐蚀性，可以烧伤皮肤和眼睛。不要不戴安全眼镜而直视生石灰发出的光。

为iPod镀上自己的徽标

→ 制作一个微型电镀池，
让你的iPod更加完美。

我认为苹果公司在卖一些极妙的物件。这些物件看起来似乎来自未来。很显然，在那个"未来"里，我们都生活在天鹅绒中，而且没有指头，否则没有其他理由可以解释我新买的 iPod Nano 的背面为何像一个超级光亮的镜面。但那个电子设备的背面仅在 3 秒钟后就被弄脏，而且有划痕了。所以，我要用铜给它做个超薄的防磨损贴膜，上面还要印上我自己的徽标。

电镀技术在工厂里经常使用，例如给汽车保险杠镀上铬之类的东西。这个过程很简单。电流通过浸在电镀液中的物体以及一块叫作阳极的金属板，将电子从阳极赶出，使金属原子变成金属离子游到物体表面，并在那里重新得到电子还原为固态金属。最终的效果是把从阳极跑过来的金属沉积到物体表面，在那里形成新的闪亮的外表，整个过程只需两三分钟。但是，如果电镀液不对，或者物体表面处理得不好，那一薄层金属就粘不上去了。幸运的是，现在你能够买到现成的电镀液，而且和过去不同，大部分都不含剧毒的氰化物。

"金属离子游到物体表面，在那里重新得到电子还原为固态金属

并沉积到物体表面，使之披上靓丽的外衣。"

我的创意是用定制的橡皮戳（在激光切割店里花 12.5 美元做的）在 iPod 背面印上油墨。这些油墨可以阻碍电流通过，结果就留下了我设计的图案。为了防止我的新 iPod 被浸泡，我临时在它的背面粘上了一个无底的微型水槽。

差不多尝试了 10 次，我最后成功地为我的 iPod 镀上了一层铜。最后，我用丙酮把油墨去掉。苹果公司的产品可能不完美，但是用砂纸、糨糊、激光、化学药品和两节五号电池就可以让它更完美一些。

如何

给iPod镀上铜徽标

你需要：

□ 电镀液
□ 电源或电池
□ 铜电极
□ 耐腐蚀油墨或笔
□ 安全眼镜

1 先用400号砂纸，然后用600号砂纸打磨iPod的背面。

2 用橡皮戳印上要镀的图案，或用耐腐蚀笔手绘。

3 用硅胶或填缝物在iPod的背面粘上一个无底的微型水槽，装入电镀液。

4 将铜电极的一部分放入电镀液中。

5 接通1~3V、0.1A的电源，静置2分钟。电源的正极应接在铜电极上，负极则接在iPod的背面。

6 用溶剂清除油墨。如果电镀层不结实，则可用砂纸将其打磨掉，然后重新来一次。

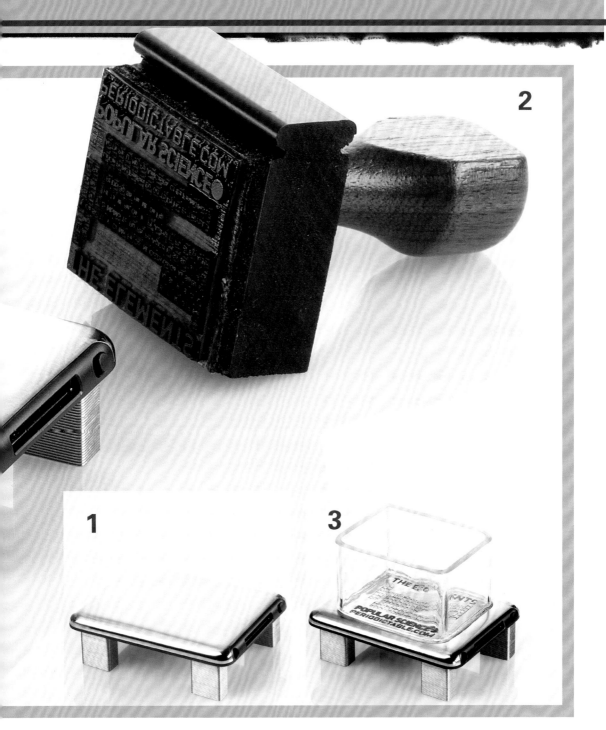

5

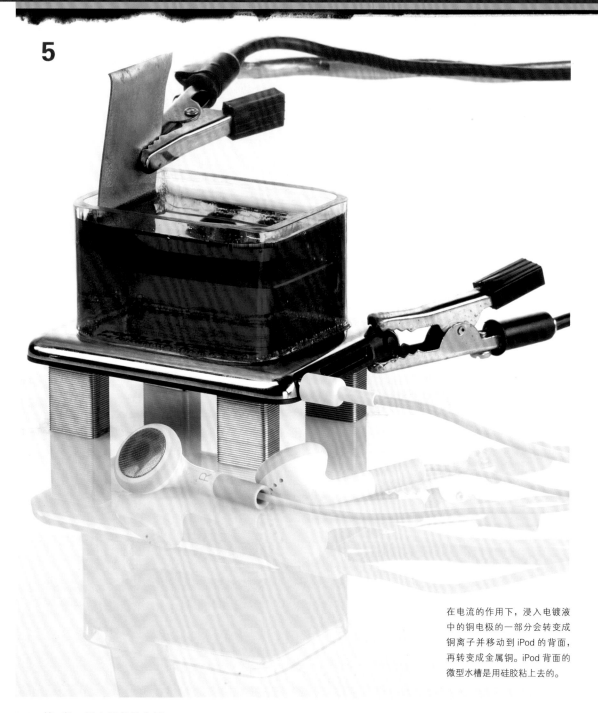

在电流的作用下，浸入电镀液中的铜电极的一部分会转变成铜离子并移动到 iPod 的背面，再转变成金属铜。iPod 背面的微型水槽是用硅胶粘上去的。

现实中的"冰冻九号"

→ **准备一些过饱和醋酸钠溶液，看看它如何在瞬间变成固体。**

在那本热闹的书《猫的摇篮》里，库尔特·冯内古特描述了一种晶体——"冰冻九号"。该物质可以把它碰到的所有水转化成更多的"冰冻九号"。发明人在厨房里玩了一整天（在地球毁灭之前），用它冷冻了一壶又一壶的水。当我看到这一段的时候，我确确实实知道他说的是什么，因为我自己也做过。

好了，我自己没有任何"冰冻九号"，但是暖手器中用的一种普通物质醋酸钠可以相当好地替代它，而且一点也不像我们想象中的世界末日。只需用极少的晶体触发，它就可以在几秒钟内把一碗液体转化成固体。

这种现象实际上就是过饱和。热水能比温水溶解更多的醋酸钠。不断地在接近沸腾的水壶中添加醋酸钠，直到不能再溶解为止，这时你就得到了饱和的醋酸钠水溶液。让这种饱和溶液冷却后，它还会保持液态，即使此时它包含了远远多于在该温度下应该包含的醋酸钠，这就是过饱和。

在醋酸钠溶液冷却的过程中，过量的醋酸钠应该沉淀出来结晶为固体，但如果没有触发剂，这种现象是不会轻易发生的。在暖手器中，这是由埋在中间的一小片金属触发的，但是即使一粒灰尘也可以触发它。这个过程一旦开始就不会停止，直到醋酸钠全部变成固体。物质并没有冻结，实际上迅速的沉淀过程会释放热量，因此可以暖手。

"饱和醋酸钠溶液在冷却时依然会保持液态，即使它包含了远远多于在该温度下应该包含的醋酸钠，这就是过饱和现象。"

如何 💡

制作醋酸钠雕塑

你需要:

□ 几千克醋酸钠
□ 一打可重复使用的暖手器
□ 洁净的玻璃和没划痕的塑料瓶
□ 安全眼镜 　　　□ 水

1 准备一些醋酸钠。

2 将干燥的醋酸钠一点点加入到接近沸腾的水里,直到不能再溶解为止。

3 将醋酸钠冷却至室温。这时只要用一片醋酸钠蘸一下溶液,它就会立刻变成固体。要想再次实验,可以将其重新加热变成液体,然后再冷却。

4 另一种做法是,买一个可重复使用的暖手器,观察密封袋中的物理化学变化,这样可以减少脏乱,但是少了很多创作的意味。

买回来的醋酸钠呈细细的雪花状,你可以让它先溶解,然后在碗里静静地冷却而制成大块的醋酸钠晶体。

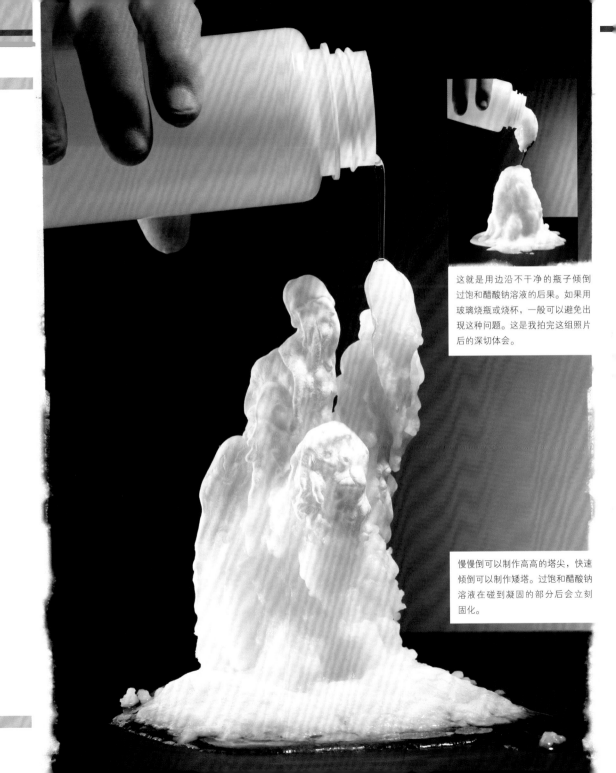

这就是用边沿不干净的瓶子倾倒过饱和醋酸钠溶液的后果。如果用玻璃烧瓶或烧杯，一般可以避免出现这种问题。这是我拍完这组照片后的深切体会。

慢慢倒可以制作高高的塔尖，快速倾倒可以制作矮塔。过饱和醋酸钠溶液在碰到凝固的部分后会立刻固化。

最坚强但也最脆弱

 爆炸的玻璃珠显示了为什么你车上的防风玻璃是竖硬的和安全的。

如果你想观看一个压力造成危险的科学演示的话，"鲁珀特王子的玻璃珠"即是一个例子。这些被以17世纪的业余科学家的名字命名的、呈热熔状态的玻璃珠在悲剧性地掉进一桶冰水中之后，转变成了具有很大张力的小球。即使最强力的打击也对它无可奈何，直到你找到它的薄弱点：轻敲它的尾巴，它就会立刻爆裂！

当熔融的玻璃珠遇到冰冷的水时，它外表的温度会急剧下降，并在固化的同时收缩。因为其中心仍然是液态的，所以它可以流动，以使外壳尺寸最小化。当中心也冷却并固化时，它也会收缩，但这时外壳已经固化，没法调整大小和形状以适应内部的收缩。

随着内部从各个方向拉紧外壳，结果就形成了巨大的内部张力。这就像一个绷紧的弹簧，玻璃珠也准备着随时释放大量的能量。如果你打碎了玻璃珠的细尾巴，一系列反应

"如果打碎玻璃珠的细尾巴，一系列反应就会像冲击波一样传递，使之瞬间崩裂。"

就会像冲击波一样传递，它的各个部分都会破裂，释放出足够的能量震碎旁边的部分。一段接一段，整个玻璃珠在百万分之一秒以内彻底崩裂。

荒唐的是，这种张力也可以使玻璃珠更加结实。玻璃破裂是从细小的划痕延展开来的。如果表面受到内部张力的作用，划痕无法扩大，玻璃就很难破裂。我用一个锤子敲打从当地玻璃店买回的玻璃珠，结果打不碎，甚至细尾巴也比表面看上去更结实。

用作车窗和玻璃门的强化玻璃也是如此。用冷气流快速（但不能太快）地吹过被加热软化的玻璃表面，就会产生温和的内部张力。这个张力会一直保持玻璃表面的收缩状态。这就是强化玻璃很结实，但是一旦破裂就会变成成百上千块碎片的缘故。这个碎裂的过程实际上使得它更加安全，因为没有像刀子那样锋利的大块玻璃对人体造成伤害。由此我们得到的经验是：压力使得人变得更加坚强，但在坚强的外表下是潜在的崩溃危险。别把我逼急了，行吗？

只要打碎"鲁珀特王子的玻璃珠"的细尾巴，整个玻璃珠就会在瞬间崩裂。

如何 💡
制作"鲁珀特王子的玻璃珠"

你需要：
- ☐ 玻璃工用的炉子
- ☐ 能挑起熔融玻璃的金属棒
- ☐ 大约 30 厘米深的水
- ☐ 安全眼镜

注意：

制造"鲁珀特王子的玻璃珠"时需要一个玻璃熔炉。典型的炉子是一种用煤气加热的窑，它里面有一个盛放液体玻璃的黏土池。如果你没有这样的炉子，则可在当地找一个玻璃加工厂，甜言蜜语一番就行了。

1. 在水桶或水槽中倒入大约30厘米深的水。

2. 用一根金属棒（玻璃工用的那种）取一团熔融的玻璃并不停地旋转，让玻璃均匀地环绕并粘在金属棒的一端。

3. 挪到水的上方，停止转动棍子，让玻璃滴落到水中。

（继续，见 第 220 页）

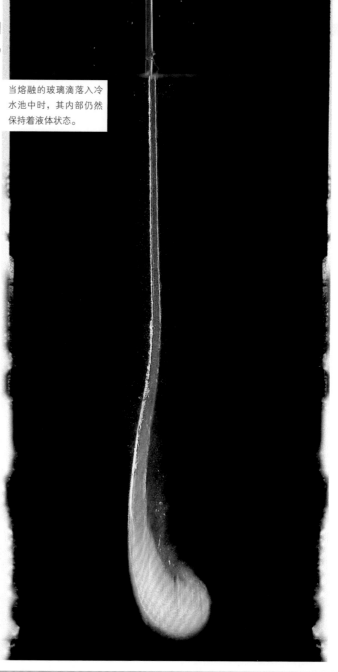

当熔融的玻璃滴落入冷水池中时，其内部仍然保持着液体状态。

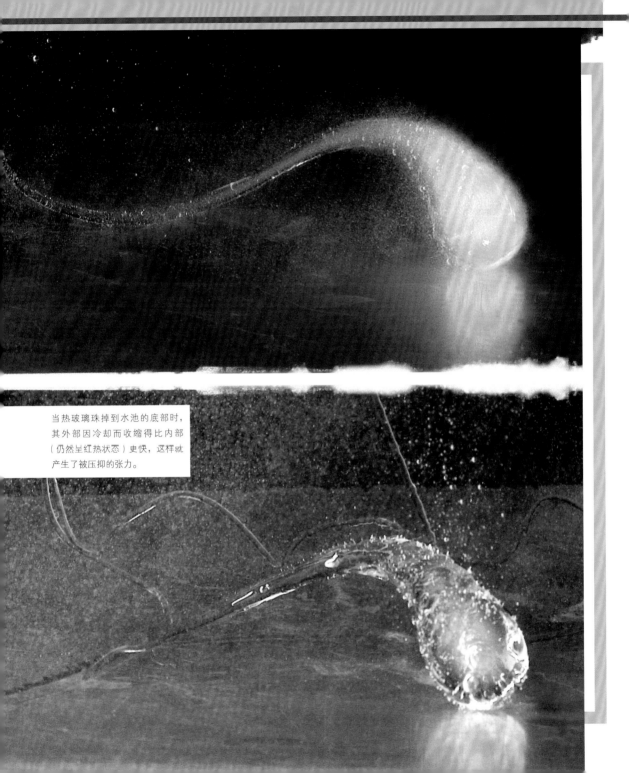

当热玻璃珠掉到水池的底部时，其外部因冷却而收缩得比内部（仍然呈红热状态）更快，这样就产生了被压抑的张力。

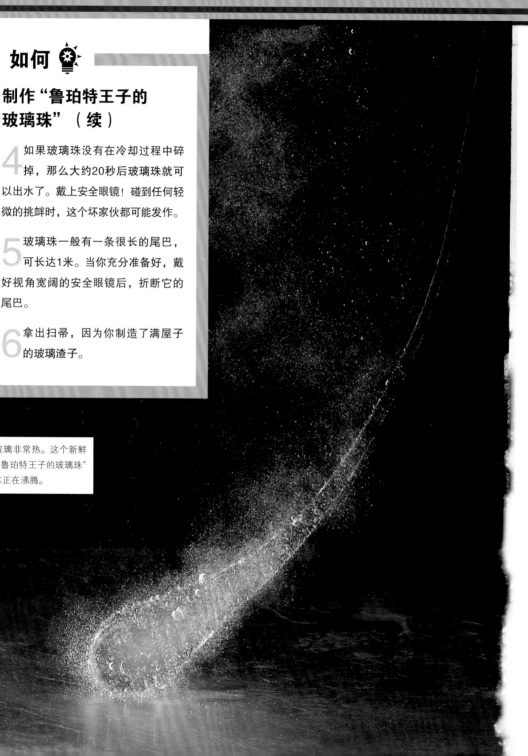

如何 💡

制作"鲁珀特王子的 玻璃珠"（续）

4 如果玻璃珠没有在冷却过程中碎掉，那么大约20秒后玻璃珠就可以出水了。戴上安全眼镜！碰到任何轻微的挑衅时，这个坏家伙都可能发作。

5 玻璃珠一般有一条很长的尾巴，可长达1米。当你充分准备好，戴好视角宽阔的安全眼镜后，折断它的尾巴。

6 拿出扫帚，因为你制造了满屋子的玻璃渣子。

熔融的玻璃非常热。这个新鲜出炉的"鲁珀特王子的玻璃珠"周围的水正在沸腾。

这张照片是用高速闪光法拍摄的，由声音探测器触发（照片右侧可见）。几次尝试后，这个玻璃罩碎了，这足以证明爆炸的威力。

在一角轻轻一击，一块强化玻璃就
全部破碎了。这块玻璃在掉落之前
已经变成了上千块碎片。这张照片
是在锤击后几微秒内拍摄的。

靓丽的
工业废料

➡ **电镀既可以制造闪亮的汽车保险杠，
也可以制造出美丽的工业废料。**

如果举办一场最具吸引力的工业废料竞赛，这些镍铬结核就会轻而易举地获得冠军。像树叶的叶脉一样复杂，比正午太阳下1957 年版的切维（Chevy）车更靓，它们在某个汽车保险杠加工工厂里，在微微加热的电镀池内自然生长着。最终，工人们用锤子将它们狠狠地敲下来，扔到了回收桶里。

汽车保险杠上镀有 0.02 毫米厚的镍（为了防锈）和 1.6 微米厚的铬（为了光亮）。你从保险杠的外面只能看到铬，但它实际上还占不到保险杠重量的百万分之一。

"电镀就是使用电流将溶解的金属离子转变成覆盖在物体表面上的一层薄薄的固态金属。"

这些铬和镍的结核随着时间推移在汽车保险杠加工工厂的电镀车间里越长越大。

元素

24

Cr
铬

熔点: 1907℃。

沸点: 2671℃。

发现: 1797 年, 由法国化学家沃克兰发现。

名称由来: 希腊文 *Chroma*, 意思是"颜色"。

用途: 电镀、制造不锈钢。

要电镀的汽车保险杠被放置在溶解了带正电荷的镍离子的酸液池中, 电流通过溶液, 迫使带负电荷的保险杠将电子转移给镍离子。这样, 镍离子就附着在保险杠上, 在其上沉积出一层很薄的金属镍。在镀镍之后, 保险杠被转移到溶解有铬离子的酸液池中, 用相同的方法镀上铬。用钛螺栓和 T 形螺母把保险杠固定在钛制架子上, 后者通有 10000 安、3 伏的电源。螺栓、螺母和架子上涂有橡胶, 以起到绝缘作用。但电镀从来就不完美, 随着时间推移, 任何破裂和损伤都会使电子跑掉, 金属开始锈蚀。保险杠仅上生产线一次, 但是骨架和 T 形螺母会被反复使用, 在电镀池中长出了这些美丽的小瘤。

我参观过的这个工厂会在一周的时间里把成吨的镍和铬转化成数千个美丽闪亮的物品, 造出上万个保险杠来。

最原始的闪光灯

→ **镁是制造闪亮的车轮最好的材料，明亮的镁光是老式照相机的最佳光源。**

着19世纪的牛仔服，戴着安全眼镜，用一把玩具步枪瞄准院中的火把，这是荒诞派艺术家最荒诞的作品？不！那是一项科学研究，是在研究镁的表面积对其可燃性的影响，或者换一个说法，研究如何像100年前的人们做的那样，用镁光作为闪光灯来照相。(同时，一项不太科学的研究是，想知道我穿上牛仔服到底有多帅。)

我第一次见识到镁的神秘是我的高中化学老师用火柴点燃了一根镁条。它的燃烧很缓慢，发出非同寻常的光，比白光更白。我们都保持着一个古老的记忆，火是保护者，是摧毁者，代表着温暖，可那是一种不同的火。

直到几年前开始认真研究元素为止，我一直被镁制品弄得晕头转向。赛车上的镁制车轮、轻盈的笔记本电脑、自行车架，人们为何能够骑在可燃的东西上呢？

在古董店里的镁带闪光灯照耀下的块状、带状、片状和粉末状的镁。

"镁粉有巨大的表面积，这使得它在与空气混合后可以迅速剧烈地燃烧，发出持续时间极短的超亮的光。"

元素

12

Mg

镁

熔点：650℃。

沸点：1090℃。

发现：1808年，由英国化学家汉弗莱·戴维发现。

名称由来：古代小亚细亚的一个城镇的名字（Magnesia）。

用途：制造闪光灯、点火器、车轮、飞机部件。

用镁粉向火把射击，产生了明亮的火球。

第一，许多物件是由铝镁合金制成的，其中镁的比例很小。第二，有些东西真的可以着火。1955年，在勒芒有82人死于非命。当时一辆赛车飞进了看台，燃烧着的燃料点燃了镁制车身。第三，即使是纯镁，大块也很难点燃，这是因为它的表面积相对较小，难以充分接触氧气，同时固体金属导热快，表面容易被冷却。我曾经用丙烷焊枪烧一个镁制汽缸，在持续烧了20分钟后，它着火了，开始剧烈地燃烧起来。

薄镁条具有相对大得多的表面积和相对少的可以散去热量的材料。1913年，柯达公司制造了我所称的世界上最慢的闪光灯：一个镁条支架。摄影师们用镁条的长度计算曝光时间，大约每厘米能持续发出1秒的光。大约与此同时，他们开始用镁粉进行更快的曝光。镁粉有极大的表面积，这使得它可以爆炸般地燃烧，产生短促而超亮的光。

我再现了那个效果来为拍摄这张照片照明。我用我儿子的软木玩具枪装上镁粉塞，射向正在燃烧的火把，产生了你看到的结果。你没有看到的是蘑菇状烟雾，这使得那天的摄影师们迅速跑开，以免他们的器材受损。

真实的危险警告

市场上销售的细镁粉是具有爆炸隐患的可燃物，燃烧时会产生能致盲的亮光。需戴上焊工用的5号护目镜，以免受到光与火的伤害。

最令人厌恶的材料

→ 像以前的人们那样用硫镶嵌家具。

镶嵌家具是个令人痛苦的过程。将木材切割成抽屉面板的形状不是最难的事，用手工精心制作那些色彩对比明显的物件并精确地拼在一起才是最难的。从有家具制作开始，人们就在寻找简化的办法。如今，有现成的用机器切好的拼接板。但过去，人们优先考虑的简便办法是将能在现场凝固的浆液填充到图案中去。

一个不怎么有灵气的主意产生于18世纪初。那时，人们把熔化的硫倒到手工刻花中。尽管有文字说硫具有不错的性能，它容易熔化，固化后为黄色，但有很多理由表明那个传统是短暂的。硫在《圣经》中是令人厌恶的东西，它的另外一个名字叫硫黄，传说它是用来惩罚邪恶的。如果你能忍受那令人窒息的烟雾，而且它没有立即着火燃烧产生可爱的紫色烟雾，你就可以慢慢加热硫黄，它会熔化为琥珀色的液体，很容易倒到任何形状复杂的器件中。

这种烟雾是二氧化硫，众所周知的汽车尾气的成分之一。如果你想感觉一下哮喘是怎么回事，做一些硫镶嵌工作大概比较接近这种感觉（但是你如果真有哮喘，千万别接近二氧化硫烟雾，它会引起严重的哮喘发作）。这是你永远也不应该在房子里做的事情，尤其是你要继续住的房子。哦，还有，你使用硫工作过一段时间后，它会和你手上的细菌反应生成硫化氢，让你闻起来有臭鸡蛋的气味。

被填到沟槽中后，硫会凝固成晶体状固体。经过一番加工，最后会得到金黄色的镶嵌花纹。大约100年后，随着老化，硫会逐渐变白。气泡和缝隙是鉴定古董中纯硫镶嵌工艺的首选方法，所以当我开始这项工作的时候（当然，以研究历史的名义），我没有刻意地去固定它们。

> **"被填到沟槽中后，硫会凝固成晶体状固体。经过一番加工，最后会得到金黄色的镶嵌花纹。"**

用我的话说，几乎很少有比硫更让人不愉快的材料了。树脂、油漆、白垩石、塑料，所有这些都已经成功地应用于家具镶嵌。没人知道为什么硫最先被使用，但对我来说有一点是很清楚的，就是它不会再被人们使用。

元素

16

S 硫

熔点：122.8℃。

沸点：444.7℃。

自燃点：250℃。

发现时间：自古以来。

用途：制造硫酸和火药、橡胶硬化。

如何

用硫美化家具

你需要：

☐ 片状或粉末状的硫
☐ 有刻槽的木块
☐ 壶和火炉
☐ 灭火器
☐ 安全眼镜
☐ 很好的通风橱

1 在木板上刻上图案，尝试做出平直的或者梯形（上窄下宽）的凹槽。

2 慢慢加热熔化一壶硫。熔化硫时，要非常小心。稍微超过熔点，它就会着火。永远不要把硫壶留在炉子上。燃烧的硫会释放出有毒的二氧化硫烟雾，引起呼吸困难或窒息。

3 把熔化了的硫倒在刻槽中，让其冷却。

4 磨平表面，然后涂上几层清漆封住这些镶嵌物。

真实的危险警告 硫是可燃的，在你工作的过程中可能会失火。要做好准备，只有在通风良好的防火区域才能工作。熄灭硫产生的火焰比较容易，但是如果燃烧着的液态硫溅到身上，你就可能会被烧伤。

让所有的东西金光闪闪

用极薄的金箔，你可以给任何东西贴上一层纯金表皮。

具有可塑性的材料可以被锤打得比较薄但不碎裂，具有延展性的材料可以被拉伸得比较细而不断裂。任何材料的厚度都有个极限，但金的极限是几百个原子那么厚。金的可塑性和延展性在所有金属中是最好的。一块5厘米见方的金块，可以被锤打成一个足球场那么大。这么薄的金箔一般叫金叶。用它来进行装饰的古老工艺叫贴金。

金箔有多薄？用我的钢制滚动碾轧机，可以做出0.02毫米厚的金箔，相当于铝箔的厚度。薄不薄？的确很薄！但是金叶的厚度几乎只有它的1/500。只有薄到了那个程度，它才能够成为足够灵活的、像油漆一样用得起的材料，用于覆盖那些精细的雕饰和任何你想让它经久闪光的东西。

右图显示的是一些不同厚度的金制品：1.2微米厚的金叶、1.2毫米厚的金箔、1克重的金片、10克重的金条、28克重的金条、一块黄金、一条金链和一个金扣。

> "具有可塑性的材料可以被锤打得比较薄但不碎裂，金的极限是只有几百个原子那么厚。"

做金叶要从做金箔开始。取几十张方形的金箔用特殊的羊皮纸将其隔开（这样金叶不会互相粘连在一起），用7千克重的锤子敲打几小时，把原先的金箔变成更大更薄的金叶，然后将其一分为四，剪切成方形，摞在一起，重新锤打。金的可塑性使得它可以越来越薄，但不会碎裂。（好了，我承认，我试过，而且失败了，也许是因为我的胳膊不配做这个，或者羊皮纸不合适，或者不知道金匠世家世代相传的秘密。做金叶，就像其他古老的艺术一样，不是一个可以在车库里进行的项目，看似简单，做起来难。）

另一方面，贴金却不是太难的技术。为了给一个棒球贴金，我使用了从艺术品商店买来的金叶。贴金过程很简单。先在球上涂上叫作贴金胶水的黏性液体，然后把金叶包在上面，擦拭平整即可。难点是你如何取金叶。想都别想用你的手指，因为金叶这种东西更像肥皂泡而不是一片金属，会很快粘在你的手指上，并在你想将其取下时被撕碎。用毛刷是贴金者的一个小技巧，通过毛刷产生的静电吸起金叶。要用很巧妙的手法去接触金叶。面对价值不菲的金叶，你很快就能学会。

金叶可以自我"焊接"。摞在一起的金叶互相交融在一起时是无法用肉眼看出来的。所以，即使你很笨拙，做出来的效果看起来还是很光鲜的。现在你用手指去碰它已经没有问题了，因为贴金胶水已经把它固定住了。贴金器物可以从5000年前保存至今，这足以证明金是不透气、不透水、能抵御大部分酸侵蚀的材料，不管它有多薄。

钢制滚动碾轧机可以做出 0.02 毫米厚的金箔，但是金叶的厚度几乎只有它的 1/500。

如何 💡

给物体贴金

你需要：

□ 金叶   □ 贴金用的毛刷
□ 贴金胶水   □ 抛光工具

元素

79

Au

金

熔点：1064℃。

沸点：2856℃。

发现时间：远古时代。

用途：加工首饰和电触头，用作硬通货。

注意贴金时需要轻手轻脚和耐心。起初几次会失败，但是别担心，你浪费掉的仅是一些纯金。

1 用贴金胶水涂抹要贴金的物体。

2 将金叶放在要贴金的物体旁边。

3 拿出毛刷，在你的手臂上轻轻摩擦几下，以产生静电。

4 用毛刷头部接触金叶的一端，靠静电吸起金叶。如果在毛刷相距很远时金叶就已经开始动起来了，请放弃重来。因为静电太多的话，金叶会粘在毛刷上面令人绝望地不下来，并最终被毁掉。但如果你几乎碰到了金叶，但吸不起来，那么它就会在你试图挪动它的时候掉下来而毁掉。

5 一旦毛刷头部上有适量的静电，就粘起金叶轻轻地贴在想要贴金的物体上面，并尽可能地铺平。金叶会皱或重叠，但是不用担心，只需轻轻一擦就光滑了。

6 用光滑的东西擦拭贴金的地方，比如用塑料勺子的背部。金叶一旦粘好就不会掉落了。

7 为防止贴金表面被划破，可在外面涂上清漆或油漆。

从自热咖啡到自热浴桶

> 生石灰和水相遇时会产生热量，利用这个原理可以制作自热咖啡甚至自热浴桶。

自热汤听起来好像来自未来：按一下易拉罐上的按钮，3分钟后里面的东西就滚烫了。但是如同自热咖啡、自热巧克力等一样，这种东西在今天已经到处可见而不稀奇了。在日本，我甚至见到了自热清酒——相当先进的高科技。

或许这也不是什么新玩意儿。实际上，这些产品使用了一个公元前4000年就已经为人们所知的化学反应——将生石灰和水混合。只要在900℃的温度下煅烧石灰石，它就可以转化成生石灰。将生石灰与水混合，它就会捕获水分子并与之结合，同时释放出大量的热量。（留下的材料是熟石灰，那是古代就已很流行并沿用至今的建筑材料。）

做自热汤很容易，但是我现在想用这种技术制造一个自热浴桶。我在金属盆里放入20千克生石灰，然后加入15升水。在加入水后几秒钟，盆子里即开始噼里啪啦作响，泡沫飞溅（需要保护眼睛），释放出大量的蒸汽。

根据我的计算，200千克生石灰释放出的热量就足以把1800升水从15℃加热至38℃。那是完美的热浴桶的温度，至少理论上是这样。我们是在伊利诺伊州该死的大冷天里拍摄这些照片的，在开始启动反应之前我就得先进到水里。所以，我们在这里做了个假，开始时浴桶里装的就是热水，但的确有大量的热量释放出来。

从小一点的规模来讲，我可以作证，自热巧克力是绝对可行的，如果你不得不在-12℃的天气里坐在室外的浴桶中，那可是个不错的主意。

> "只要在900℃的温度下煅烧石灰石，它就可以转化成生石灰。将生石灰与水混合，它就会捕获水分子并与之结合，同时释放出大量的热量。"

绘有热带棕榈树的图画遮住了我房子后面被风吹扫平的草原，当你在 −12℃的气温下弄湿身体的时候，这或许会给你一点点安慰。

如何 体验自热技术

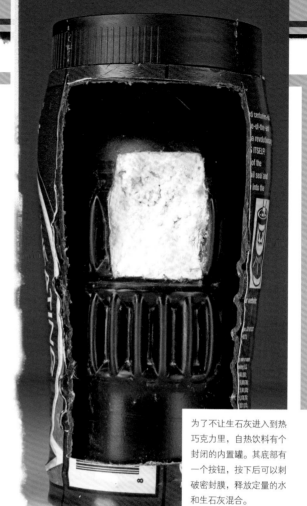

你需要：

☐ 生石灰
☐ 水
☐ 盆
☐ 安全眼镜

注意：这个实验说叫的是一个有趣的科学原理，而不是一种灵敏的加热浴桶的方法。

1 在金属台上或金属碗里放0.5千克左右的生石灰，然后加入一杯水，退后并戴上安全眼镜。石灰水可能飞溅到你的身上，其中含有腐蚀性很强的生石灰。处理生石灰时，要一直戴上橡胶手套、防尘面具和安全眼镜。生石灰一般是用来分解尸体的，但也一样能分解活体。

2 冷却后可以再加更多的水，不断重复，直到它不再发热。现在得到的是熟石灰，将它与砂子掺在一起就能够砌砖墙。

3 等几个月或几年，熟石灰吸收空气中的二氧化碳后就又变回了石灰石。

为了不让生石灰进入到热巧克力里，自热饮料有个封闭的内置罐。其底部有一个按钮，按下后可以刺破密封膜，释放定量的水和生石灰混合。

如何 制造生石灰

1 把熟石灰或粉碎成两三厘米大小的石灰石放到金属盘内。

2 把盘子放到陶器作坊的窑里，在900℃温度下烘烤几小时。

3 让生石灰冷却，然后装在密封的容器中。

4 重复使用几次后，不锈钢盘会坏掉，普通钢盘会彻底毁掉，铝盘会变成灰。

我们从没有一次用过20千克以上的生石灰，而且它和木桶里的水是彻底分开的，所以这并不是那么危险的事情。在最初的蒸汽和噼里啪啦声之后，石灰盆就恢复平静了，我让孩子们也钻进来了。

科学怪才西奥多·格雷的奇妙化学世界

畅销27个国家和地区，累计发行300余万册

《视觉之旅：神奇的化学元素》

通过华丽的图片和精彩的语言，讲述118种元素的神奇故事。

《视觉之旅：神奇的化学元素2》

通过元素周期表，揭示物质世界的组成规律。

《视觉之旅：化学世界的分子奥秘》

从分子和化合物的角度，揭示宇宙万物的奥秘。

《视觉之旅：奇妙的化学反应》

通过各种奇妙的化学反应，展现五彩缤纷的大千世界。

美国《大众科学》杂志专栏文章精彩集萃

科学极客历时10年倾心打造

呈现那些难得一见的科学实验

探索奇妙现象背后的科学奥秘

全新改版，非同一般的阅读体验

《疯狂科学（第二版）》

《疯狂科学2（第二版）》

【西奥多·格雷著作所获奖项】

※ 2011国际化学年"读书知化学"重点推荐图书

※ 新闻出版总署2011年度"大众喜爱的50种图书"

※ 第十一届引进版科技类获奖图书

※ 中国书刊发行业协会"2011年度全行业优秀畅销品种"

※ 第二届中国科普作家协会优秀科普作品奖

※ 第七届文津图书奖提名奖

※ 2012年新闻出版总署向全国青少年推荐的百种优秀图书

※ 2013年新闻出版总署向全国青少年推荐的百种优秀图书

※ 2015年国家新闻出版广电总局向全国青少年推荐的百种优秀图书

※ 2011年全国优秀科普作品

※ 2013年全国优秀科普作品

※ 第六届吴大猷科学普及著作奖翻译类佳作奖

※ 第八届吴大猷科学普及著作奖翻译类佳作奖